AF356630

ESSAI
SUR LES HARAS,

OU

Examen méthodique des moyens propres pour établir, diriger & faire proſpérer les Haras.

Suivi de deux courts Traités.

Dans l'un on montre une méthode facile de bien examiner les chevaux que l'on veut acheter, afin de les choiſir avec intelligence & n'être point trompé par les Maquignons.

Dans l'autre on traite de la méchanique du Mors, & on enſeigne l'Art de le bien aſſortir aux différentes bouches des chevaux.

On y a encore joint un Chapitre en forme de ſupplément ſur les préjugés, les abus & l'ignorance de la Maréchalerie.

A TURIN.

Chez LES FRERES REYCENDS.

MDCCLXIX.

AVIS AU LECTEUR.

Les quatre petites piéces qui composent cet ouvrage si court, qui ne va pas au-delà de cinq à six heures de lecture, n'étoient cependant pas faites pour paroître ensemble, comme on pourra aisément s'en appercevoir; on les a réunies, 1°. pour l'utilité du Libraire, 2°. pour l'avantage de ceux qui l'acheteront, 3°. parce que les matieres qu'on y traite, ne regardant purement que les chevaux, elles peuvent parfaitement bien assortir ensemble.

IMPRIMATUR.

Assistens S. Officii Taurini

V . SICCUS LL. A A. P.

Vù soit imprimé.
GALLI pour S. E. M. Le Comte Caissotti de Sainte Victoire
Grand-Chancelier.

De l'Imprimerie de CHARLES-JOSEPH RICCA.

PREFACE.

CE petit Essai sur les Haras est divisé en onze articles : dans le premier on se propose d'examiner si l'établissement des Haras, dans un pays quelconque, peut être avantageux à l'Etat, & on donne les moyens de procéder avec ordre à cet examen.

Dans le second, si l'on peut indifféremment élever des chevaux dans toute sorte de pays, comment il faut s'y prendre pour établir des Haras, surtout dans un Etat où l'on en est entièrement dépourvû, & où le Paysan, supposé, n'est point du tout au fait de l'entretien des chevaux. On parle encore de l'achat des jumens, & comment il faut les distribuer aux différens Particuliers.

Le troisiéme article roule sur les précautions qu'il faut prendre pour faciliter & encourager cet établissement.

On traite dans le quatriéme, du choix des jumens & comment il faut les entretenir.

Dans le cinquiéme on montre les signes auxquels on pourra connoître si une Jument est pleine ou non.

Au sixiéme article on traite des accouchemens & avortemens des Cavales, & des précautions à prendre pour les bien soigner.

Le septiéme regarde les poulains, en quel temps on doit les sevrer, les hongrer, les ferrer, enfin comment ils doivent être nourris & entretenus jusqu'à l'âge de trois ans.

Dans le huitiéme article on expose divers moyens de pourvoir les étalons & comment il faut les distribuer.

Le neuviéme traite de l'achat de ces étalons, & on fait voir de quelle conséquence il est de les bien examiner pour en faire un bon choix.

Le dixiéme, quels sont les pays qui

fourniſſent les meilleurs étalons.

Enfin l'onzième & dernier article traite de la monte, quelle eſt la meilleure façon de la donner avec ſuccès, & combien il eſt néceſſaire de ſavoir aſſortir les étalons aux jumens auxquelles on les deſtine.

Voilà de quoi il s'agit dans cet Eſſai où l'on a taché de traiter toutes ces matieres le plus amplement, & en même temps le plus briévement qu'il a été poſſible.

Le plus amplement, eu égard aux choſes qu'il étoit néceſſaire d'indiquer pour faire connoître les moyens les plus propres pour établir, encourager, diriger & faire proſpérer des Haras.

Le plus briévement, quant au ſoin qu'on a eu de ne jamais s'écarter du ſujet, par des digreſſions inutiles, pour épargner du temps au Lecteur, & pour ne point laſſer ſa patience.

a iij

TABLE ALPHABETIQUE

DES MATIERES

Contenues dans cet Ouvrage.

ESSAI SUR LES HARAS.

TABLE

DU TRAITÉ DE LA CONNOISSANCE DU CHEVAL.

TABLE

DU TRAITÉ DE LA MECHANIQUE DU MORS.

TABLE

Des observations sur la Maréchalerie.

ESSAI

TABLE

DES MATIERES

*Contenues dans le XII. Chapitre
des Haras particuliers.*

b

TABLE
DES MATIERES

*Du gouvernement économique
d'une écurie.*

ESSAI

ESSAI
SUR LES HARAS.

ARTICLE PREMIER.

S'il est utile d'établir des Haras dans un pays, & comment il faut s'y prendre pour procéder à cet examen.

Dans tout pays où se fait une grande consommation de chevaux, il n'est pas douteux qu'il ne soit très-utile d'y établir des Haras. On peut aisément calculer à combien peut monter cette consommation année com-

A

mune ; il n'y a qu'à avoir un état des chevaux de toutes les catégories qu'il y a dans chaque Province, enfuite y ajoûter le nombre des Troupes à Cheval entretenues dans l'Etat, & compter qu'à chaque dix ans il faut renouveller tous ces chevaux. Je ne crois pas même beaucoup dire en affurant que toutes les dix années le total des chevaux exiftans dans un pays, eft entiérement confommé. Je fais bien que l'on me dira qu'il y a des chevaux qui durent plus de dix ans, oui ; mais combien y en a-t-il auffi qui n'en durent pas huit, pas fix, pas même quatre ? En veut-on une preuve ? On n'a qu'à voir dans les Régimens de Cavalerie, où affurément en temps de paix ce ne font pas les chevaux qui travaillent le plus, & l'on verra fi à chaque dix années le nombre total des chevaux n'a pas été doublé, fuppofant que l'on ait voulu entretenir toujours les Régimens complets. Préfentement il faut ajoûter que les che-

vaux qui travaillent journellement, &
même avec excès s'ufent beaucoup plus
vîte ; il y a encore à compter les maladies épidémiques qui emporteht quelquefois beaucoup de chevaux ; ainfi quand
je dis que l'on peut établir par la con-
fommation de ces animaux dans chaque
dix années, le total des chevaux exiftans
dans un pays, je ne dis pas beaucoup.
Or il ne refte plus qu'à voir fi le nombre des chevaux néceffaires pour tous
les befoins de l'Etat, & que l'on eft
obligé de tirer annuellement du Pays
Etranger, eu égard à l'argent qu'il
faut laiffer fortir pour en faire l'achat,
eft un article affez confidérable pour
mériter l'attention du Miniftere ; en cas
qu'oui, il eft bien sûr que l'établiffement
des Haras dans l'Etat, lui apporteroit
un grand avantage.

Voici maintenant comme on peut s'y
prendre, pour voir d'un coup d'œil les
fommes à peu près, que l'on eft obligé

de laisser sortir du pays pour l'emplette des chevaux. Je suppose que par les états que l'on aura retirés des Provinces, de la quantité des chevaux qui leur sont nécessaires, ajoûtés à ceux dont on a besoin pour les Troupes, le nombre se monte, par exemple, à vingt mille : mais il nous faut distinguer plusieurs qualités de chevaux, qui coûtent plus ou moins.

Il y a, par exemple, 1°. les Chevaux de selle de Maître, dont le prix n'est jamais au dessous de trente cinq louis.

2°. Les beaux Chevaux de carrosse que l'on paye ordinairement, au moins, vingt-cinq louis piéce.

3°. Les Chevaux des voitures publiques, dont le prix commun est de seize à dix-huit louis.

4°. Les Chevaux pour la remonte des Troupes, ceux de Cavalier, inclus ceux de Dragons, on ne peut guere les évaluer à moins de douze louis par cheval, compris les frais pour la conduite.

5°. Les Bidets , dont le prix n'eſt jamais moindre de ſix à ſept louis.

Maintenant ſuppoſant qu'ayant eu égard au nombre néceſſaire des chevaux dont on a beſoin pour chacune des catégories ci-devant mentionnées , on puiſſe prendre un juſte milieu , & fixer le prix , l'un portant l'autre , à quinze louis piéce , vingt mille chevaux coûteront trois cent mille louis , ou bien ſept millions , deux cent mille livres Tournois. Voilà la ſomme totale de l'argent qui ſortira du pays , chaque dix années , pour l'achat des vingt mille chevaux dont on a beſoin.

Ainſi l'on peut juger ſur cela , ſi l'établiſſement des Haras dans un pays , peut être un article qui mérite attention.

Voici ce qu'on lit dans *Mr. de Garſault* en ſon Traité des Haras.

„ Les Haras du Royaume étoient ,
„ *dit-il* , totalement perdus avant *Mr.*
„ *Colbert* ; mais ce Miniſtre ayant

„ compris tout l'avantage que le Royau-
„ me tireroit de leur rétabliſſement,
„ ne négligea rien pour en venir à
„ bout : il chargea mon Grand-Pere,
„ de l'inſpection générale des Haras du
„ Royaume : il fit venir des Etalons
„ des Pays-Errangers, & les diſtribua
„ dans toute l'étendue du Royaume :
„ non content de cela , il accorda des
„ gratifications aux Commiſſaires les
„ plus attentifs & les plus intelligens :
„ il excitoit par divers moyens les
„ Gentilhommes à concourir à ſon
„ deſſein , faiſant eſpérer des graces du
„ Roi à ceux qui y montreroient le plus
„ de zéle , & faiſant même écrire par
„ le Roi aux perſonnes les plus diſtin-
„ guées. J'ai eu le plaiſir de trouver
„ toutes ces lettres dans les papiers de
„ mon Grand-Pere , & j'ai extrait
„ celles qui m'ont paru les plus pro-
„ pres à témoigner combien ce grand
„ Miniſtre étoit ardent à ce qui pou-

„ voit contribuer au bien de l'Etat,
„ & en particulier à l'établiſſement des
„ Haras , qu'il regardoit avec raiſon
„ comme eſſentiel dans le Royaume.
„ Il eſt vrai que, depuis *Mr. Colbert*,
„ ce projet ſi bien commencé ne s'eſt
„ pas continué avec le même zéle ,
„ ce qui a été cauſe que dans les deux
„ dernieres guerres de 1688. & 1700.
„ on a été obligé d'acheter des chevaux
„ chez l'Etranger , & la ſomme qu'on
„ y a employée a monté à plus de
„ cent millions „ (*a*).

On peut encore voir dans cet ouvrage de *Mr. de Garſault* pluſieurs copies
de lettres écrites par le Roi à divers
Seigneurs , ainſi que celles de *Mr.*
Colbert , que *Mr. de Garſault* a fait imprimer à la tête de ſon Traité des
Haras.

____

(a) *Connoiſſance Générale & Univerſelle du Cheval par* **Mr.**
de Garſ. Edit. de Paris in 4º. 1746. pag. 54.

ARTICLE SECOND.

Peut-on entretenir des chevaux indiffé-
remment dans tout pays ? & comment
faudroit-il s'y prendre pour établir
des Haras dans un Etat où l'on en
est entiérement dépourvû , & où le
payſan, ſuppoſé, n'eſt point du tout
au fait de l'entretien des chevaux ?

NOus avons vû dans l'article précédent comment il faut à peu près s'y
prendre , pour juger d'abord ſi l'établiſſement des Haras dans un Etat ,
peut être un article aſſez conſidérable
pour mériter l'attention & les ſoins
d'un Miniſtre pour les y établir.

Il nous faut voir préſentement 1°. ſi
tous les pays peuvent être propres
pour y nourrir des chevaux.

2°. Comment il faut s'y prendre pour établir & faire proſpérer ces Haras.

Quant au premier, je dis que dans tout terrein où la nature fait croître de l'herbe, on peut très-bien y élever des chevaux. Tous les pays, à la vérité, ne ſont pas également propres à y entretenir une égale quantité de chevaux ; mais tous les pays en peuvent entretenir un nombre proportionné à leurs pâturages. Il ne faut pas non plus croire que parce qu'un pays ne ſera pas propre à y établir un Haras, il faille renoncer pour cela à donner des jumens aux payſans pour y élever des poulains, non ; car il ſe trouvera tel pays où l'on chercheroit inutilement un terrein bien convenable pour réunir un nombre de jumens, les parquer, les changer de place, les ſéparer quand il le faut, enfin qu'on ne pourra y établir un Haras en forme,

& qu'en diſtribuant des jumens en détail à divers Particuliers, elles donneront de très-beaux chevaux, parce que ces jumens ainſi ſéparées, chacun ſoigne la ſienne, & tâche de la mettre à l'abri des accidens qui pourroient l'endommager ; ainſi dans tout pays où les Fermiers, ou les Payſans élevent des bœufs, des ânes & des vaches, on peut tout auſſi facilement y élever des chevaux.

Le ſecond point conſiſte à ſavoir trouver les meilleurs moyens pour former cet établiſſement ; & voici comment il me paroit que l'on pourroit s'y prendre.

Il faudroit premiérement envoyer une perſonne intelligente, qui ſeroit chargée de viſiter chaque Province, & de prendre un état exact des Fermes ou Métairies que chaque Territoire renferme, & à proportion de leurs pâturages y deſtiner l'entretien d'une jument, ou deux au plus (*b*) : mais il faudroit furtout tâcher de perſuader tout le monde & ne forcer perſonne.

Il feroit à propos pour cela, après la viſite faite & l'état réglé, d'aſſembler tous les Particuliers d'un même Territoire qui poſſédent des Fermes, comme auſſi les Fermiers qui en ont à bail, & là leur apprendre la néceſſité où l'on eſt d'établir des Haras, vû l'utilité qui en reviendroit à l'Etat, par le beſoin qu'on a de chevaux qui manquent entiérement dans le pays ; qu'ainſi on ſouhaite que tout Particulier qui poſſéde une Ferme & qui eſt en état, par exemple, d'entretenir huit bêtes à cornes, ſe charge auſſi de l'entretien d'une jument, & ceux qui en ont quinze, de deux : enſuite il faut entrer avec eux

(b) *Dans les pays où les terreins ne ſont pas forts, & où par conféquent les payſans peuvent ſe ſervir de leurs jumens pour le labourage, il feroit beaucoup plus aiſé, je crois, de les accoutumer à s'en ſervir : ce qui n'eſt pas douteux, c'eſt qu'avec le temps ils y trouveroient ſûrement leur profit ; les commencemens ſont toujours difficiles ; on ne ſe défait pas de ſes préjugés ſi aiſément.*

dans un détail circonftancié des avantages qu'un tel établiffement pourroit
leur procurer, foit par le foin que l'on
aura de leur fournir, *gratis*, de beaux
étalons pour couvrir leurs jumens, foit
par le profit qu'ils retireroient de leurs
poulains, qui à l'âge de trois ans pourroient valoir jufqu'à vingt louis, & les
plus beaux encore davantage (*c*),

(c) *Pour voir au jufte le profit qui en reviendroit aux Particuliers qui entretiendroient une jument, par exemple, au lieu d'une vache, on pourroit calculer ainfi :*

Une vache donne un veau toutes les années, mettons depuis les trois ans jufqu'à douze : ce veau au bout de fix ou huit mois peut valoir cinquante francs, ainfi cette vache rendra à fon Maître qui la nourrit, neuf veaux dans neuf ans, c'eft-à-dire neuf fois cinquante francs, ou quatre cent cinquante livres. Après cela comme la vache ne porte que neuf mois, & qu'elle n'allaite fon petit que quatre, elle donne encore à fon Maître toutes les années fix à fept mois de lait ; mettons pour le profit du lait fix écus par an, cela fera pour les neuf années, cinquante quatre écus, ou cent foixante douze francs à ajoûter aux quatre cent cinquante, le total, tout compris, montera à cinq cent douze francs : & pour ne rien laiffer en arriere, mettons encore en ligne de compte quelque petit fervice que cette vache rendra pour le labour ou autre, qui n'eft ordinairement pas grand chofe.

Voyons maintenant la jument : elle donne pareillement toutes les années, ainfi que la vache, un petit à fon Maître, qu'on ne peut, à la vérité, vendre qu'au bout de trente mois ou trois ans, mais pour peu qu'il vienne d'un médiocre étalon, à cet âge, il vaudra tout au moins fept louis, ou cent foixante huit francs ; ainfi à la fin de la neuviéme année la jument aura donné neuf poulains, dont fept auront été vendus (les fuppofant outre un prix que l'on pourroit bien accorder pour chaque Province, toùs les trois ou quatre ans, pour être donné à celui qui préfenteroit le plus beau poulain, & qui auroit les certificats néceffaires pour prouver qu'il eft iffu d'une de fes jumens. Enfuite il faudroit leur faire fentir qu'une jument feroit encore d'une grande utilité pour la Ferme, foit pour tranfporter attelée

même tous de la derniere qualité) mille cent foixante & feize francs, fans compter les deux poulains qui reftent un de deux & l'autre d'un an; ainfi tandis que mon voifin qui entretient une vache, aura retiré pour le prix de fes veaux, & le produit de fon lait dans le cours de neuf ans, cinq cent douze francs, moi j'aurai empoché du profit de ma jument, dans le même efpace de temps, plus du double, fans compter les deux poulains que j'ai d'avance : mais! me dira-t-on? une jument coûte le double d'une vache & court beaucoup plus de rifques; fi une vache vient à fe caffer une jambe ou à s'éreinter, le Boucher vous donne encore la moitié de votre argent, mais fi c'eft une jument tout eft perdu pour le Maître qui n'en retire plus un fou.

1°. Je répondrai à cela, que ces cas arrivent fi rarement qu'on pourroit prefque les compter pour rien. 2°. Si on a pris garde, je n'ai évalué mes poulains que fept louis piéce, & je compte bien que fi les étalons font feulement médiocrement bien choifis, ma jument me donnera des chevaux qui vaudront le double, le triple & le quadruple : ainfi cela compenfera au-delà les malheurs qu'on fuppofe qui peuvent m'arriver dans les neuf années, fi au lieu d'une vache, j'entretiens une jument : 3°. Les fervices que me rendra la jument, feront bien au deffus de ceux que peut rendre une vache : 4°. une jument dure encore le double.

fous une charrette, ou avec le bât en hyver les fruits de la campagne à la Ville, foit encore pour fouler les bleds, enfin pour cent autres ufages qu'ils connoîtroient d'eux-mêmes, de mieux en mieux, une fois qu'ils feroient accoutumés d'en entretenir.

On pourroit encore, pour animer davantage cet établiffement, écrire aux différens Seigneurs poffeffeurs des Terres, & leur recommander d'avoir l'œil à ce que dans leurs Terres, les payfans entretinffent des jumens, qu'eux mêmes en donnaffent l'exemple, & que dans leurs Baux ils obligeaffent à l'avenir, leurs Fermiers d'en entretenir. Enfuite de ces arrangemens, on prendroit une foufcription de tous les Seigneurs, Bourgeois, Fermiers & autres Particuliers Terriens de chaque Province, qui voudroient avoir des jumens, & après avoir formé un état du total des jumens néceffaires, l'on envoyeroit une perſonne intelligente, & de probité les acheter avec l'attention d'uſer de la plus grande économie poſſible. L'on pourroit faire cet achat tout à la fois, ou bien, ſi le nombre des jumens néceſſaires étoit trop grand, on pourroit commencer par en fournir à un certain nombre de Provinces, enſuite les autres viendroient après.

Les jumens achetées, voici comment il faudroit procéder pour en faire une juſte diſtribution.

On commenceroit par faire autant de lots qu'il y auroit de Provinces à en recevoir. Une perſonne d'autorité aſſiſteroit à ce partage, & les Seigneurs, ou les Syndics des Terres avec quelques Particuliers ſe trouveroient auſſi préſens; les lots faits, chaque Province tireroit le ſien au ſort, enſuite chacun l'emmeneroit dans la Ville Capitale de ſa Province, là on tireroit de nouveau pour remettre à chaque Particulier qui ſeroit averti du jour pour s'y trouver, la jument qui lui seroit échue par le sort. Et comme il est juste que chacun voye son compte, & surtout que le moins riche soit bien persuadé qu'il n'y a de partialité pour personne, l'on arrangeroit les jumens sur la place principale; & là deux personnes nommées en commun par les intéressés, feroient les billets en présence de tout le monde, les feroient voir, & après les avoir brouillés & ressassés, les Particuliers les moins aisés tireroient les premiers : quoique la chose soit égale de tirer le premier ou le dernier, puisque cela dépend absolument du hazard ; on voit cependant que sans faire du tort à personne, on auroit l'avantage d'assurer ces derniers qu'il n'y a ni faveur, ni partialité pour aucun.

ARTI-

ARTICLE TROISIEME.

*Autres précautions à prendre pour fa-
ciliter cet établissement.*

ON ne sauroit jamais prendre trop
de précautions pour faire fleurir un établissement, surtout quand on sait, à n'en
point douter, devoir être d'une grande
utilité au pays, c'est pour cela que regardant l'établissement des Haras dans
l'Etat comme très-utile, nous ne sau-
rions mieux faire que d'exposer tou s les
moyens possibles pour rendre cet établissement aisé & agréable à tous ceux
qui y seroient intéressés. On a vû à l'article précédent les moyens que nous
avons indiqués, soit pour introduire les
Cavales dont on a besoin dans le pays,
soit pour les distribuer aux différens
Particuliers qui les auroient deman-

dées ; il s'agit maintenant de faciliter
cet achat à tout le monde, car il se trouve souvent des Particuliers qui ont plusieurs arpens de terre , & qui n'ont pas
pour cela dix louis dans leur poche (*d*) :
ceux-là comment feroient-ils pour payer
leur jument? il arriveroit de deux choses l'une, ou qu'ils ne voudroient point
s'en charger , ou qu'ils seroient obligés
de vendre de leur bien pour payer ; &
l'un & l'autre est un inconvénient
qu'il me paroît bon d'éviter , & on le
peut en deux façons.

1°. En facilitant à ceux qui ne seroient pas dans le cas de donner tout
à la fois, & qui cependant sont respon-
sables, en leur facilitant, dis-je, le paye-
ment en deux ou trois temps ; le premier se feroit en recevant la jument,
le second six mois, ou même une année après.

(d) *Je compte bien qu'à ce prix on pourroit avoir nombre
de belles jumens ; j'en ai souvent acheté en Suisse , en Allemagne & en Italie pour sept à huit louis , qui auroient été excellentes pour être meres.*

2°. Il faut savoir prendre son temps pour trouver tout Particulier à la campagne en argent, & par conséquent en état de faire cette dépense, & il n'y auroit pour cela qu'à faire arriver, & distribuer les Cavales un peu après la St. Martin, temps auquel tous les Terriens ont fait de l'argent de la vente de leurs denrées. Je ferai encore voir dans un autre article, que c'est le temps le plus propre que l'on puisse choisir pour faire cette distribution.

Une autre précaution à prendre (e), c'est celle d'assurer les Particuliers que personne ne tirera jamais de leurs écuries leurs jumens, qu'ils ne soient contents de les donner : l'on doit donner

(e) On doit encore bien se garder de ne point gêner le commerce que les paysans pourroient faire de leurs poulains, ils ne doivent les consigner que lorsqu'ils naissent, & ensuite leur laisser pleine liberté de les vendre à qui bon leur semble : Voici une lettre de M. Colbert du 7. Octobre 1678 sur ce sujet : „ Vous avez bien fait (dit-il), de faire connoître qu'il „ n'est pas à propos de défendre la vente des poulains, qui se „ fait aux Savoyards & Piémontois, d'autant que tant plus „ ils seront recherchés, & tant plus les peuples s'appliqueront „ aux Haras. Garsault pag. 60.

pour cela des ordres précis qui défendent abfolument foit aux Troupes, foit aux Maîtres de Pofte de prendre les Cavales des particuliers à la campagne contre leur gré, fous quelque prétexte que ce foit; car une jument pleine à qui on feroit faire une forte traite, avorteroit fûrement, & rifqueroit même de crever.

Enfin on pourroit encore par quelque douceur accordée à propos, animer tout le monde à concourir de bonne grace à la multiplication de l'entretien des jumens : par exemple, un Particulier qui entretiendroit deux ou trois jumens, feroit exempt du logement militaire, & celui qui auroit préfenté dix poulains iffus de fes Cavales en moins de dix ans, feroit difpenfé de donner à la milice.

J'ai déja dit ci-deffus que l'on feroit bien de fixer un prix, par exemple de dix louis pour être donnés dans chaque Province tous les trois ou quatre ans, à

celui qui préfentera le plus beau poulain,
& il faut que le jour marqué pour la diftribution du prix foit un jour de fête pour
toute la Province ; toùs les Particuliers
s'y rendront fur leurs jumens propres,
& bien treffées pour faire leur parade :
de cette façon on excitera en eux l'é-
mulation d'avoir de belles montures, &
rien ne contribuera davantage à la propagation des beaux Chevaux dans le
pays ; & il eft encore sûr qu'il ne fe paf-
fera pas dix ans que connoiffant d'eux-
mêmes de quel avantage leur eft ce
commerce , on verra tout le monde
s'empreffer de l'embraffer.

ARTICLE QUATRIEME.

Du choix des jumens , & de la façon de les entretenir.

Quoique le sentiment général de la plûpart des naturalistes , ainsi que de ceux qui ont dirigé des Haras , soit que la jument ne contribue pas autant à la beauté du poulain que l'étalon , il est cependant très-nécessaire de ne point se négliger dans le choix des Cavales que l'on destine pour être meres; „ il faut (*dit Mr. de Buffon*) que les jumens „ soient bonnes nourrices : qu'elles ayent „ du corps & du ventre, afin que le „ poulain, ajoûte *Mr. de Gars.*, soit „ logé à son aise, & puisse profiter, „ c'est-à-dire , croître & s'étoffer dans „ le ventre de la mere „ : ainsi ceux qui seront chargés de l'emplette de ces jumens, auront l'attention de les choisir d'une taille plûtôt avantageu-se (*f*), & avec la côte bien ronde, il faut encore qu'elles ayent un bel avant-main, & surtout aucun de ces défauts, qui sont héréditaires, tels que la fluxion appellée communément lunatique; les éparvins & même la pousse; car il n'est pas douteux que si elles ont quel-qu'un de ces défauts, elles ne le com-muniquent à leurs poulains.

Quant à l'âge, il faut qu'une jument aye au moins les trois ans accomplis, quand on la fera couvrir pour la pre-miere fois.

Et quant au temps propre pour faire cette premiere emplette, je choisirois le mois de Septembre.

1°. Par la raison que j'ai dit ci-dessus.

2°. Parce qu'alors toutes les ju-

(*f*) *J'appelle une taille avantageuse pour une jument, c'est-à-dire, qu'elle soit au moins de la taille de quatre pieds, sept à huit pouces.*

mens ayant déjà eu la monte, on en acheteroit plufieurs qui feroient pleines, ainfi au premier printemps on commenceroit à avoir des poulains, ce qui animeroit les particuliers, & leur donneroit envie de faire vîte couvrir leurs jumens pour s'en procurer auffi; car on ne fauroit fe donner affez de mouvemens pour faire prendre cet établiffement, & les commencemens font toujours difficiles.

Pour ce qui regarde la maniere de nourrir les jumens pleines, il ne faut pas faire tant de façons; toute forte de nourriture eft bonne, pourvû qu'elle n'aye aucune mauvaife qualité, comme ce feroit du foin vafé, ou pourri, ou bien de l'herbe de marais, car le foin pourri, ou vafé, étant une très-mauvaife nourriture, feroit du mal à la Cavale, & par conféquent au poulain qu'elle porte, & l'herbe de marais eft une nourriture trop maigre, &

qui n'eſt pas ſuffiſante pour une jument qui eſt obligée de nourrir un
petit qu'elle a dans le ventre , auſſi
une Cavale ſi mal nourrie ne pourra mettre bas qu'un poulain mal conſtitué & étique ; il eſt donc très-eſſentiel de bien nourrir une jument
qui eſt pleine , mais que ce ſoit du
foin ou de l'herbe , cela eſt égal ,
pourvû que la qualité en ſoit bonne ;
mais, dira-t-on , tous ceux qui ont traité des Haras , ont dit qu'il falloit mettre les Cavales au vert , dans le printemps après la monte ; je répondrai
à cela.

1°. Qu'ici il ne s'agit point de
Haras en forme , mais ſimplement
des jumens diſtribuées aux différens
Particuliers , leſquels ont beſoin de
s'en ſervir , & par conſéquent ne
peuvent pas les laiſſer ſans rien faire pendant tout le temps qu'elles
portent , elles leur ſeroient trop à

charge, ainſi s'ils veulent s'en ſervir, ils le peuvent très-bien, en les tenant au ſec, c'eſt-à-dire, en leur donnant du foin, de l'avoine & du ſon, pour-vû qu'ils ayent ſeulement l'attention de ne les point ſurcharger de travail, & ſurtout de ne leur point donner de fortes traites dans les deux derniers mois; Je leur réponds que leurs Ca-vales ne ſouffriront point du tout d'un travail modéré, qu'au contraire cet exercice leur fera du bien. Réca-pitulons maintenant un peu tout ce-ci; les précautions donc à prendre pour la proſpérité des jumens pleines, afin qu'elles portent leur fruit à temps, ſe réduiſent ſimplement.

1°. A avoir ſoin de les bien nourrir.

2°. De ne les point ſurcharger de travail, ſurtout dans les deux derniers mois.

3°. D'avoir une très-grande attention qu'on ne leur donne point de coups fur le ventre.

4°. De ne leur point laiffer boire de l'eau de puits , ou de fontaine ; les eaux ftagnantes font fans contredit les meilleures, & celles dont il faut toujours fe fervir , quand on le peut, pour les abreuver.

5°. Il faut encore bien fe garder, de les envoyer paître en automne trop matin , mais attendre que le Soleil ait fondu la gelée blanche.

ARTICLE CINQUIEME.

Des fignes auxquels on pourra connoître fi une Jument eft pleine , ou non.

IL n'eft pas fi aifé que l'on pourroit bien le croire, de connoître avant le fixiéme , ou feptiéme mois , fi une Cavale eft pleine ou non: *Mr. de Garf.*

prétend qu'une Jument pleine s'entretient toujours plus graffe que les autres, furtout l'hiver; fecondement, quand l'on voit, dit-il, ou que l'on fent remuer le poulain, la chofe eft fûre, & pour cela, il faut faire trotter la Jument cinq-à-fix tours, puis la mettant à l'écurie, la faire boire, ou manger, alors mettant la main fous le ventre, on fentira le Poulain fe remuer, fi la Jument eft pleine.

Il n'eft pas douteux que ce ne foit là le figne le plus certain de l'exiftence du Poulain, mais je puis bien affurer qu'avant le fixiéme mois, il eft très-aifé de s'y tromper, & de prendre l'agitation des flancs, ou le battement du cœur, pour les mouvenens du poulain. J'ai eu autrefois deux Jumens, que j'ai fait couvrir en différens temps, & je n'ai pas manqué pendant tout le temps qu'elles ont porté leur Poulain de les obferver tous les jours attentivement, pour mon inftruction, & voici les principales obfervations que j'ai faites. Une de ces Jumens âgée de neuf ans a été couverte, pour la premiere fois, par un étalon qui m'appartenoit lequel avoit cinq ans, le 27. du mois d'Avril 1756., & une feconde fois le 5. Mai, & elle mit bas le 19. d'Avril 1757., de forte que, fi dès la premiere monte elle refta pleine, elle porta jufte onze mois & vingt-deux jours; fi elle ne prit que la feconde fois, elle porta onze mois & quatorze jours, cette Jument ne mangea jamais le vert : je la nourris continuellement de foin, d'avoine & de fon, & je m'en fuis toujours fervi fous une voiture; elle fe porta toujours bien tout le temps qu'elle fut pleine, & mit bas un joli poulain, qui étoit très-

b ien conſtitué, mais qui ne reſſembloit
cependant, quant au poil, ni au Pere
ni à la Mere. Je le gardai juſqu'à l'âge
de trois ans, temps auquel je le ven-
dis dix-ſept louis. Je ne ſai pas ce
qu'il eſt devenu après.

L'autre Jument étoit âgée d'onze à douze ans, quand je la fis couvrir par le même étalon que j'avois
encore, & qui en avoit alors environ huit ; cette jument fut couverte
trois fois, la premiere le 19. Juin, la
ſeconde le 27., & la troiſiéme le 5.
Juillet 1759., elle mit bas l'année d'a-
près le 24. Juin 1760.; le Poulain
qu'elle mit au jour étoit l'image de
ſon Pere, il avoit le même poil, c'é-
toit un iſabelle doré, avec les extré-
mités noires, il étoit auſſi très-bien
conſtitué & leſte, & n'auroit pas
manqué de réuſſir, ſi malheureuſement
étant abſent de chez moi, il n'eût
été tué d'un coup de pied par ſon

Pere , faute d'attention de mes gens d'écurie.

J'ai dit que ma premiere Jument s'eft toujours bien portée pendant tout le temps qu'elle porta fon petit. La feconde fut quelquefois incommodée ; il eft vrai que je l'obfervai avec plus de foin que l'autre , étant moi-même un peu plus au fait , foit par Théorie , que par Pratique. Je m'apperçus auffi beaucoup plus vîte qu'elle étoit pleine , car dès le quatriéme mois je le foupçonnai :

1°. J'obfervai qu'elle étoit quelquefois dégoûtée de fon avoine.

2°. Elle ne pouvoit fouffrir que d'autres Chevaux l'approchaffent.

3°. Elle fe tenoit beaucoup plus couchée qu'auparavant , furtout, les jours que je la promenois un peu loin (g) : il y eut encore quelque pe-

____

(g) *Voici ce qu'un Marchand de Chevaux en Allemagne m'a appris, pour connoître fi les Jumens qu'on veut acheter*

tite différence entre celle-ci, & l'autre, dans la façon de la nourrir, car cette derniere dans son dixiéme mois je la mis à l'herbe, mais dès le quatriéme jour celui qui en avoit soin, vint m'avertir que ma Jument ne vouloit plus manger : je crus d'abord que ce n'étoit qu'un simple dégoût, ou bien qu'elle avoit les dents agacées : j'allai tout de suite la voir, elle n'avoit point de fiévre ; ainsi je me contentai de lui faire laver la bouche avec du vinaigre, dans lequel j'avois fait mettre du sel, du poivre & de l'ail pilé, ensuite je lui fis donner une mesure de son qu'elle mangea, je recommandai à mon domestique de la bien observer : le lendemain

sont pleines, ou non : il faut en approchant de la Jument que l'on veut acheter, avoir un bâton à la main, & faire semblant de vouloir lui en donner un coup le long des côtes, si la Jument est pleine, elle ne manquera pas de coucher les oreilles en arriere, & de montrer les dents comme pour mordre : & si elle n'est pas pleine, quelquefois elle ne bougera pas seulement, ou elle s'animera simplement.

demain il me vint encore dire qu'elle avoit très-peu mangé d'herbe , & qu'il fe doutoit même qu'elle n'eût eu des tranchées, s'étant couchée, & relevée deux ou trois fois pendant la nuit, fur cela je me déterminai tout de fuite à la retirer du vert (*h*) : je la remis donc dans mon écurie & je la nourris depuis avec du foin & de l'orge au lieu d'avoine, & quelquefois de fon. Dans le onziéme mois elle fut encore un jour malade , & comme j'avois peur qu'elle n'avortât je la fis faigner , cette faignée lui fit un très-grand bien , car depuis elle fe porta toujours bien & comme j'ai déjà dit, elle mit bas un très-joli Poulain.

J'ai fait l'hiftoire de ces deux Jumens : 1°. pour faire voir qu'il n'eft pas abfolument néceffaire que les ju-

(h) *Il eft vrai que je ne l'avois point mife au pré, je ne lui donnois que de l'herbe coupée : & cela fait une très-grande différence.*

C

mens foient dans le pré, pour que leurs poulains profpérent : 2°. Que l'on peut très-bien les faire travailler étant pleines, même jufqu'au neuviéme ou dixiéme mois, en prenant les précautions que j'ai dit ci-deffus.

ARTICLE SIXIEME.

Des accouchemens, & des avortemens des Cavales.

Précautions à prendre.

Tous ceux qui font un peu au fait du métier, favent que les jumens accouchent debout & fans aucune perte de fang; de façon qu'il eft affez aifé de les aider dans leurs accouchemens. Le Poulain fe préfente ordinairement la tête la premiere ; on aide celles dont l'accouchement eft difficile, dit *Mr. de Buffon*, on y met la main, on remet le Poulain en fituation, & quelquefois même, lorf-qu'il eft mort, on le tire avec des cor-des, on fait encore entrer de l'huile dans la matrice pour en faciliter la for-tie ; tout cela eft très-aifé à faire, & l'homme le plus mal adroit fera tou-jours un très-bon accoucheur pour une Jument : après fa naiffance, la mere lé-che affez long-temps fon Poulain, & voilà tout.

Si une Jument avorte, dit *Mr. de Garf.*, il faut la traiter comme mala-de, car elle l'eft effectivement ; les ra-vages du lait mêlé dans le fang font d'abord à craindre ; ainfi il faut, 1°. la tenir bien chaudement en la couvrant avec une bonne couverture, afin de pro-curer la tranfpiration du lait.

2°. Lui faire obferver pendant quel-que temps une diete très-févere, la nourriffant de chofes légeres, & d'eau blanche, de peur que fon lait n'augmente par la nourriture & que fortant de fes limites, il ne corrompe le fang, & ne faffe tomber la Jument en une maigreur extrême, ou en d'autres maux fâcheux (i).

Ainfi, comme l'on voit, cette cure eft encore très-aifée, puifqu'il ne s'agit que de tenir la Jument qui a avorté, chaudement pour la faire tranfpirer, & en diete, afin d'empêcher une trop grande furabondance de lait.

ARTICLE SEPTIEME.

Des Poulains.

Voici en peu de mots & fans de longs préambules, les principaux foins qu'il faut fe donner pour élever des poulains comme il faut : je prie tou-

(i) *Voyez* Carf. *pag.* 73.

jours que l'on n'oublie pas qu'il ne s'a-
git point ici de régler un Haras en
forme, mais simplement de parler des
Cavales répandues dans le pays &
entretenues par différens Particuliers,
qui n'ont chacun qu'un très-petit nombre de poulains à élever.

1°. Il ne faut pas les laisser teter
long-temps, mais les sevrer tout au
plus tard le sixiéme mois. (*k*).

2°. Comme en les sevrant on les
met au foin, il faut leur en donner d'a-
bord en petite quantité ; six livres de
foin les premiers jours font plus que
suffisantes pour entretenir le Poulain
le plus robuste, & on augmente insensiblement, avec deux fois par jour le
son, & point d'avoine absolument pendant les trente premiers mois ; de l'orge concassé vaut beaucoup mieux.

3°. Les poulains que l'on met à la

____

(*k*) *A quatre mois & demi les Poulains ont déjà mis
toutes leurs dents.*

pâture, il faut avoir l'attention dit *Mr. de Buffon*, de ne point les envoyer paître à jeun, il faut leur donner du son, & les faire boire une heure avant que de les mettre à l'herbe, avoir fur-tout l'attention de les garantir du froid & ne les point expofer aux pluyes.

Le meme Auteur dit encore. ,, Lorf-,, qu'ils auront un an, ou dix-huit ,, mois, on leur tondra la queue, les ,, crins repoufferont & deviendront ,, plus forts & plus touffus (*l*). ,,

Cependant fi je dois dire mon fen-timent, malgré l'eftime & la confidé-ration que j'ai pour ce célébre Au-teur & qu'il mérite fi bien à tous égards, je ne ferois point de fon avis fur ce qu'il propofe de rafer les crins aux jeunes Chevaux pour les faire pouffer plus forts & plus touffus, parce que je crains beaucoup que cette fura-bondance de crins ne fe faffe aux dé-

____

(1) Buff. *Hift. nat. tom.* 4*me. pag.* 184.

pens de la crue, ou de la force du sujet, car j'ai toujours remarqué que les chevaux qui ont la queue la plus touffue, & la criniere la plus épaisse, ne sont pas ordinairement les chevaux les plus vigoureux, mais bien les plus flasques & les plus mous.

4°. Il ne faut point hongrer les Poulains qu'ils n'ayent au moins trente mois, & il faut faire cette opération au printemps, ou bien en automne ; car en hiver il fait trop froid pour les envoyer à l'eau, & en été la chaleur les incommode, & les mouches les tourmentent.

5°. Il ne faut point aussi se presser de faire ferrer les poulains ; car plus on les laissera marcher déferrés, & plus les pieds se renforceront : ainsi ne les faites point ferrer avant les trois ans ou tout au moins avant les trente mois : à cet âge on peut aussi commencer à les faire trotter à la longe ;

on leur met le caveſſon ſur le nez, & on les fait aller en rond ſur un ter- rein bien uni, & qui ne ſoit pas trop dur : cela leur dénouera les épaules ; mais ayez attention :

1°. De ne les point faire monter.

2°. De les trotter large, & de ne point les trop fatiguer les premiers jours.

Voilà à peu-près les principaux ſoins qu'il faut ſe donner, ſi l'on veut avoir le plaiſir d'élever des poulains vigoureux & ſains ; & je crois que l'on ne trouvera encore rien là de bien dif- ficile, & que tout le monde ne ſoit à portée de faire ; il n'y a qu'à le ſavoir ſuggérer.

ARTICLE HUITIE'ME.

DES ETALONS.

Divers moyens de les pourvoir & comment il faut les distribuer.

MR. *de Garf.* nous dit (*m*) „que *M.*
„ *de Colbert* ayant aisément compris
„ tout l'avantage que le Royaume ti-
„ reroit de l'établissement des Haras,
„ ne négligea rien pour en venir à
„ bout : il fit venir des étalons des
„ Pays Etrangers, & les distribua dans
„ toute l'étendue du Royaume. „
Voilà assurément la meilleure maniere
dont on puisse s'y prendre pour peupler
promptement le pays, de beaux & bons
Chevaux, mais *M. de Garf.* ne nous dit
point, ni comment on s'y prit pour

______
(*m*) *Voyez le passage cité ci-dessus Artic.* 1.

la diſtribution de ces étalons, ni ſi le Roi envoya des perſonnes expertes pour diriger les montes, ni ſi ces étalons une fois repartis reſtoient continuellement aux mêmes Provinces, ou bien ſi on les changeoit ſouvent, ni ſi pendant l'hiver on les raſſembloit ſous la direction de perſonnes intelligentes, ni rien enfin, qui puiſſe nous éclaircir ſur ce ſujet; je vais donc indiquer pluſieurs moyens pour faciliter ces établiſſemens: & l'on pourra choiſir enſuite ceux que l'on trouvera les plus convenables.

1°. Si l'on veut faire venir ſoi-même les étalons, il faut qu'on les faſſe diſtribuer aux Provinces à proportion des jumens qu'il y a dans chacune, deſtinées pour la monte; cela ſe régle ordinairement chaque dix-huit à vingt jumens un Etalon, mais il faut au temps de la monte y envoyer une perſonne experte, car ſans cela on ne fera rien qui vaille, comme je le ferai voir tantôt. Paſſé le temps de la monte, il faut qu'il y ait divers quartiers de ralliement pour raſſembler tous les étalons d'un certain nombre de Provinces voiſines, afin qu'ils ſoient bien ſoignés pendant l'hiver, montés, trottés & même attelés ; s'entend pour les étalons deſtinés à donner des chevaux de carroſſe , & ſurtout il faut les tenir loin des jumens : enfin il faut que l'on ſe perſuade que tout le monde n'eſt pas capable de ſoigner des étalons comme il faut, & que s'ils ne ſont pas bien ſoignés , ils creveront comme des mouches , ou tout au moins ils feront de fortes maladies ; il leur ſortira des dartres , des tumeurs , des enflures de teſticules qui les mettront hors d'état de pouvoir ſervir au printemps prochain. Les perſonnes intelligentes dans les Chevaux , ſavent que les étalons pendant le temps de la monte font une grande diffipation d'efprits, ce qui leur occafionne un épaiffiffement de fang, qui eft la caufe de toutes leurs maladies.

Il y auroit encore un autre moyen pour entretenir les étalons en bon état & faire profpérer les Haras, & cela fe feroit même à peu de fraix. Ce feroit que les Seigneurs dans leurs terres ou dans leurs Châteaux, vouluffent entretenir & fournir eux-mêmes des étalons, moyennant quelque privilége, ou quelque diftinction qu'on leur accorderoit.

Je crois que l'on ne pourroit peut-être pas trouver un meilleur moyen.

1°. Il n'en coûteroit pas beaucoup à chacun d'eux pour entretenir quelques étalons.

2°. N'en ayant chacun qu'un très-petit nombre, comme ce feroit un ou deux, il leur feroit facile de les bien

foigner, foit pendant le temps de la
monte, foit après; & en hiver ils les
retireroient dans leurs écuries : il n'y
auroit qu'une feule précaution à prendre, ce feroit celle de troquer entr'eux
les étalons, tous les quatre ou cinq
ans pour croifer les races.

Un troifiéme moyen feroit encore
celui de chercher des entrepreneurs,
qui vouluffent fe charger, moyennant
un prix fixé pour chaque étalon, d'en
acheter & entretenir un certain nombre, par exemple de douze, vingt
ou bien plus ou moins felon le befoin;
& on leur affigneroit les provinces où
l'on jugeroit à propos de les envoyer,
pour faire leur campagne, & ces Meffieurs s'arrangeroient en conféquence
pour fe chercher les écuries & les
fourages qui leur feroient néceffaires.

Voici comment il me paroît que
cela pourroit fe faire.

Sur le nombre total des Provinces

du Royaume on feroit divers départe-
mens, & on enclaveroit diverses provinces voisines sous un seul, & en raison du nombre des jumens qu'il y
auroit dans chaque département, on
fixeroit le nombre des étalons nécessaires, en se réglant, comme j'ai déjà
dit ci-dessus, chaque dix-huit ou vingt
jumens, un étalon.

Cela réglé, on feroit savoir par des
billets d'avis à tous ceux qui voudroient
se charger de pourvoir & d'entretenir tel nombre d'étalons pour être
employés dans une telle province, &
tel autre nombre pour telle autre,
qu'ils n'ont qu'à se présenter tel jour
à tel endroit, & donner par écrit
leurs prétentions, & cela pour l'espace
de dix ans, au moins, aux conditions
pourtant qu'ils seront obligés de fournir des étalons beaux, bien faits &
sans défauts, d'un tel pays, de tel
âge & de telle taille, & que ces éta-

lons seront visités par un Ecuyer habile, qui réformera ceux qui auront quelques défauts, ou qui ne seront pas jugés propres pour la monte, & que cette visite se fera toutes les années ; ensuite celui qui offre le meilleur parti, on conclud avec lui.

Voyons maintenant à ce que pourroient à peu-près monter les fraix chaque année pour soutenir un pareil établissement.

Je dis qu'une personne qui seroit tant soit peu entendue, & qui voudroit s'appliquer au soin des Haras, & qui d'ailleurs se connoîtroit en Chevaux, pourroit très-bien fournir & entretenir tel nombre d'étalons dont on voudroit le charger, à raison de 300. francs par an pour chaque étalon.

Or à ce compte en supposant qu'il y eût deux mille jumens dans le pays, destinées pour être données à la monte, il y faudroit cent étalons à 300. francs par tête, cela feroit 30000. francs que l'on dépenseroit toutes les années pour l'entretien des étalons, & pour soutenir un établissement utile & indispensable dans tout pays où il y a des armées, du commerce & du luxe, & encore ces trente mille francs ne sortiroient pas même du pays ; & comme on sait tout argent dépensé dans le pays doit être regardé comme presque non dépensé (*n*).

Voici un expédient qu'il me paroît encore bon de proposer, car on ne sauroit jamais en trouver assez pour établir, faciliter & encourager les bonnes choses.   Je

(n) On peut encore très-aisément calculer l'avantage qui en reviendroit à l'Etat. Il n'y a pour cela qu'à voir le nombre des Chevaux qu'on est obligé de tirer du pays étranger pour la remonte des Troupes, & en ne comptant, si l'on veut, pour épargné, que l'argent qu'il faut pour la conduite de ces chevaux, du pays où on les achete, aux divers Régimens où on les distribue, on verra qu'on sera bientôt remboursé, des 30000. francs qu'on est obligé de dépenser pour l'entretien des cent étalons.

Je voudrois , par exemple , que pour intéreſſer des perſonnes comme il faut à ſe charger du ſoin de pourvoir ces étalons , qu'entr'autres avantages & priviléges qu'on leur accorderoit , elles euſſent le privilége excluſif d'entretenir des manéges pour enſeigner la jeuneſſe , ſoit dans les principales Villes de Province, ou même dans la Capitale ; alors on pourroit voir des Ecuyers ſe charger de l'entretien de ces étalons par eux-mêmes ou unis avec d'autres aſſociés , pour peu qu'ils viſſent jour à pouvoir ſe tirer d'affaire.

Je ſuppoſe , par exemple , un Ecuyer qui auroit huit ou dix étalons , lequel après les trois mois de monte ſe retireroit dans une bonne ville de Province , comme il y en a où il ſe trouve beaucoup de nobleſſe & des négocians commodes , s'il avoit un petit emplacement pour ſe former un ma-

D

nége, il me paroît qu'il pourroit aifément avoir une quinzaine d'Ecoliers,
lefquels, quand ils ne payeroient que
douze francs par tête chaque mois, ne
laifferoient pas que de faire par là,
toujours un petit entretien pour cet
Ecuyer, & fes chevaux s'en trouveroient beaucoup mieux par ce petit
exercice ; d'ailleurs il me paroît encore
que cela fieroit bien dans un Etat où
l'art militaire eft en crédit.

L'on pourroit encore leur faire ef-
pérer qu'étant content de leurs fervices, l'on aura des bontés pour eux,
c'eft-à-dire pour ceux qui fe feront le
plus appliqués à faire fleurir les Haras, foit en fourniffant de bons étalons, foit en étudiant & en s'appli-
quant au métier.

En voilà affez fur cet article, je
n'ai peut-être pas dit la centiéme partie de ce que j'aurois pû dire fur cette
matiere, mais j'en ai toujours dit af-

ſez pour donner une idée de la façon dont on peut s'y prendre pour ſe pourvoir & pour entretenir de bons étalons, choſe indiſpenſable, premier & unique moyen pour peupler l'Etat de beaux Chevaux.

ARTICLE NEUVIEME.

De l'achat des , Etalons & dela façon dont il faut s'y prendre pour les bien choiſir.

POur être en état de bien choiſir des étalons, il faut non-ſeulement être connoiſſeur de Chevaux, comme on dit (*o*), & ſelon la ſignification ordi-

(o) *On prend communément pour connoiſſeur de chevaux, celui qui ſait bien ſe tenir en garde contre les tromperies des maquignons, de façon à ne point ſe laiſſer tromper quant aux défauts apparens. Mais il y a encore bien loin d'un homme qui n'a que cette ſeule connoiſſance, à un vrai connoiſſeur qui doit connoître toutes les parties qui ont du rapport au Cheval.*

D 2

naire de ce mot, mais il faut encore être Ecuyer, & avoir même un peu étudié l'histoire naturelle de cet animal pour y bien réussir : un simple connoisseur achetera des chevaux, si l'on veut, qui n'auront aucuns défauts apparens : mais connoîtra-t-il s'ils ont une bonne bouche, des hanches souples, & assez d'agilité pour profiter des leçons que l'on pourra leur donner ; non sans doute ; ces connoissances appartiennent à l'Ecuyer (p) ; il ne sera pas non plus dans le cas de connoître si un étalon qu'on lui présente promet de la vigueur , & si la nature l'a bien partagé dans toutes les parties qui lui sont nécessaires pour être propre à l'emploi auquel on le destine ; il y faut encore pour cela un Naturaliste, ou du moins une personne qui ait un

____

(p) *Un étalon, nous dit* Mr. de Buff., *doit avoir été un peu dressé & exercé au manége.* hist. nat. pag. 206. tom. 4.

peu, comme j'ai déjà dit, étudié cette matiere (*q*).

Je ne veux pour garant de ce que j'avance, que le peu de réuſſite que font la plûpart des étalons dont on ſe ſert dans certains Haras mal dirigés, où ſur vingt, il n'y en a pas ordinairement quatre qui réuſſiſſent, & cela faute d'avoir été bien choiſis. Mais ſans en dire davantage, paſſons aux précautions qu'il faut prendre pour les choiſir du moins, le mieux que l'on pourra.

Une perſonne chargée de pourvoir des étalons, doit examiner attentivement.

1°. Leur figure :

2°. L'état de leur ſanté :

(q) *Dans le choix des étalons il faut ſurtout s'attacher à la juſte proportion dans tous les membres de l'individu ; la phiſionomie même annonce ſouvent ſi un étalon ſera vigoureux ou lâche ; de cent étalons que l'on achetera, s'ils n'ont pas été choiſis avec intelligence, il s'en trouvera la moitié qui ne ſerviront point ; car les uns ne voudront point ſaillir les Cavales, les autres ne donneront qu'un coup tous les quinze jours.*

3°. Leurs qualités bonnes ou mauvaises ; quant à la figure un étalon doit être de belle taille, c'est-à-dire au moins de cinq pieds pour ceux de carrosse , & de quatre pieds & neuf à dix pouces pour ceux de selle : son poil doit être , autant que l'on peut, celui que l'on estime davantage dans le pays où l'on est , car chaque pays a sa manie là-dessus , les Espagnols aiment le noir de jais, & les François c'est le bai & le rouan qu'ils estiment le plus ; en Angleterre on donne la préférence à l'alzan, en Italie on cherche davantage les chevaux gris , & en Allemagne on en veut de toutes sortes de poils , de rouan , d'isabelle, de tigre, de pie , &c. enfin quoique ce soit une folie que de vouloir juger de la bonté d'un Cheval par son poil, puisqu'il y a des rosses de tous poils ; il est toujours vrai qu'il y en a de plus agréables les uns que les autres, & qu'il faut choifir ceux-là par préférence, & il eft encore bon de refufer abfolument ceux qui font d'une couleur tout-à-fait ignoble, tels que le noir mal teint, le bai lavé, & l'alzan à extrêmités blanches : il faut encore, quant à la figure, voir s'il a un joli avant-main, c'eft-à-dire s'il n'a point une encolure fauffe ou renverfée, avec un garrot rond & épais, fi les oreilles ne font pas trop longues ou mal placées, les falieres trop creufes, la tête trop péfante, ou camarde, s'il n'eft pas trop long jointé & fi fes jambes font en proportion de fon corps.

La beauté d'un Cheval confifte encore à avoir une côte ronde & proportionnée à fa taille (*r*) : fon arriere-main doit accompagner tout le refte :

(*r*) *Les chevaux ventrus ne valent ordinairement rien pour étalons, ils font pour la plûpart lâches & pareffeux, & ceux qui ont le ventre de levrier font trop fougueux, difficiles à nourrir & par-là bien-tôt ruinés.*

il faut pour cela qu'il ait une croupe arrondie, avec une belle queue qui ne foit ni trop haut, ni trop bas plantée : voilà à peu-près tout ce que l'on peut défirer quant à la figure.

Et pour ce qui regarde la fanté de l'individu, on doit examiner bien attentivement toutes les parties de fon corps en détail.

On commence par les yeux, & il ne faut pas fe contenter qu'ils foient feulement bons, mais il faut encore qu'ils foient grands, bien fendus & placés à fleur de tête, car les petits yeux enfoncés, outre qu'ils défigurent un Cheval, c'eft qu'il rifque toujours de les perdre pour peu qu'il fatigue.

Des yeux, on paffe à la ganache pour voir s'il n'a point de glandes, ce qui pourroit être une marque de mor-ve, alors il faudroit bien vifiter les na-feaux, & pour peu que ce qui en dé-coule fente mauvais, il faut couper court & laiffer le Cheval, quoi que puiffe vous dire le marchand pour vous le faire acheter, car on rifque tout en l'achetant, & on ne fc repent jamais de l'avoir laiffé ; enfuite il faut vifiter la bouche, examiner fi la lévre n'eft point trop épaiffe, fi les barres ne font point ou trop rondes, ou trop tranchantes, défauts que l'étalon ne manquera pas de communiquer aux poulains qui fortiront de lui, & qui font d'un très-grand inconvénient, furtout pour les chevaux fins ; aux dents on connoît fi le Cheval tique, & l'âge qu'il peut avoir.

Après avoir examiné la bouche, paffez aux épaules, obfervez s'il les manie bien, & fi les mouvemens en font libres. Tout étalon chargé d'épaule eft bientôt ruiné, dans une monte, c'eft le défaut ordinaire des chevaux normands, auffi combien n'en ai-je pas vû dans ce pays-là, qui à l'âge de cinq ans ne pouvoient plus remuer leur devant.

Des épaules on paſſe aux jambes de devant. Obſervez les genoux s'il n'y a point de capelets renverſés (ſ), quelquefois ils ſont auſſi couronnés, ce qui dénote alors un Cheval foible & qui s'abat ſouvent, enfin une roſſe; le canon de la jambe doit être large, plat, & le nerf bien détaché, s'il y a des molettes c'eſt une marque que la jambe eſt fatiguée; s'il n'y a que des ſuros ce n'eſt rien, il ne vaut pas ſeulement la peine d'y regarder; s'il ſe coupe vous trouverez des cicatrices aux côtés des boulets. Après la jambe vient le paturon, paſſez-y la main pour voir s'il n'y a ni javards, ni porreaux.

(ſ) *Les capelets ne ſe forment que par les coups de genoux que le Cheval donne contre la crêche en mangeant l'avoine, ou bien en été en ſe chaſſant les mouches, mais ce défaut ne doit pas faire refuſer un étalon, qui d'ailleurs auroit toutes les autres qualités requiſes.*

En vifitant les pieds, voyez fi les talons ne font pas trop bas, fi la corne n'eft point caffante ou cordonnée, s'il n'y a point de feimes, fi la fourchette n'eft pas trop graffe, & la fole trop mince, & s'il n'y a point de porreaux ou fics dans le pied, qu'un habile maquignon faura vous cacher fous un fer couvert. Du train de devant on paffe à examiner le corps, on regarde fi le flanc n'eft point altéré, s'il bat jufte, fi après avoir trotté il ne fouffle, ou ne touffe point, enfuite on examine les parties de la génération, fi les tefticules font bien trouffés & s'il n'y a point de fiftules aux bourfes: & je dirai en paffant que les chevaux entiers que l'on n'envoye pas quelquefois à l'eau y font affez fujets.

Au train de derriere il faut examiner fi les hanches n'ont point fouffert, fi les reins font bien fermes, & s'il n'y a aucune marque qu'on y ait appliqué le feu, & pour cela il ne faut jamais négliger de faire ôter la couverture, la felle, ou même faire defcendre le picqueur qui eft deffus, car on ne fauroit jamais affez fe défier des tours d'adreffe des maquignons.

Vous leverez enfuite la queue pour voir s'il n'y a point auffi de fiftules à l'anus, ou bien de porreaux, ou fics, les chevaux d'efpagne y font quelquefois fujets : de-là vous vifiterez les jarrets s'ils font larges & bien évidés : car les éparvins, & les courbes fe communiquent de pere en fils : le canon de la jambe, les paturons, les boulets, nous avons déjà dit comment il faut s'y prendre pour les bien examiner.

Paffons maintenant aux qualités bonnes ou mauvaifes qui fe rencontrent dans les chevaux ; car il eft auffi effentiel d'éviter d'acheter des étalons vicieux, flafques & timides, que de les

acheter avec une grosse tête , de petits yeux , & de mauvais pieds : ainsi
pour s'assurer de ne point être attrapé
de ce côté là , il faut bien se garder d'acheter un étalon , qu'on ne
l'ait monté , & toute personne qui né-
gligera cette précaution , je lui annonce d'avance qu'il sera sûrement attrapé , & qu'il méritera de l'être ;
ainsi pour éviter ce malheur , & n'être
point la dupe d'un maquignon , qui
rira encore à vos dépens après vous
avoir attrapé : ne vous contentez pas
seulement qu'il vous le fasse voir monté , mais montez-le vous-même , ou
si vous n'êtes point dans le cas de
le monter , ayez une personne de con-
fiance & intelligente qui le fasse pour
vous.

La premiere chose à laquelle il faut
faire attention en montant un Cheval , c'est de voir s'il n'est point ombrageux , & pour cela , il n'y a pas

de meilleur moyen pour le connoître, que celui de le promener au foleil lorfqu'il approche de fon couchant, on tourne la croupe vers cet Aftre, & l'on marche vers l'orient, l'ombre du Cheval & du Cavalier fe préfente devant fes yeux, alors on ôte fon chapeau, on tire fon mouchoir, on fait des geftes que l'ombre répéte, & s'il ne s'en épouvante point, on peut être fûr que le Cheval n'eft pas ombrageux; je me fuis moi-même toujours fervi de ce moyen, quand j'ai eu la commiffion d'acheter quelques chevaux pour l'écurie du Roi, & je ne m'y fuis jamais trompé.

Après cela il faut paffer votre Cheval dans l'eau, & même vous y arrêter pour voir s'il ne s'y couche point.

Vous l'approcherez auffi des endroits où l'on fait du bruit pour connoître s'il a du cœur; s'il léve la tête, s'il fe défend avec courage , & qu'enfuite il approche, il n'y a pas grand mal, mais s'il tremble, s'il regarde en arriere, s'il réfifte à l'éperon , c'eft une roffe qu'il ne faut point acheter, parce qu'il ne donneroit que des poulains auffi lâches que lui : vous ne manquerez pas non plus de le trotter, & de le galoper pour bien connoître fon agilité , fa force & fa docilité ; voilà enfin par quels moyens on parvient à faire un bon choix d'étalons qui ne manqueront pas de vous donner d'excellens poulains.

Je me fuis un peu plus arrêté fur cet article que fur les autres, la raifon en eft que c'eft la partie la plus effentielle, & celle qu'il ne faut point abfolument négliger, à moins que l'on ne veuille renoncer à avoir jamais de bonnes races dans le pays. Je ne puis mieux finir cet article , que par un paſſage de *Mr. de Buff.* ; ce ſavant naturaliſte dit :

„ Le Cheval eſt de tous les ani-
„ maux celui qu'on a le plus obſervé,
„ & on a remarqué qu'il communi-
„ que par la génération, preſque tou-
„ tes ſes bonnes, & ſes mauvaiſes
„ qualités naturelles & acquiſes : un
„ Cheval naturellement hargneux ,
„ ombrageux, rétif &c., produit des
„ poulains qui ont le même natu-
„ rel „ (*t*).

ARTICLE DIXIEME.

Quels ſont les pays qui fourniſſent les meilleurs étalons.

Nous ne diſtinguerons ici les étalons que ſous deux claſſes, la premiere
comprendra ceux deſtinés pour donner

(r) Buff. *tom.* 4. *pag.* 206.

des

des chevaux de felle ; & dans la feconde nous mettrons les étalons deftinés à nous donner des chevaux de
carroffe.

Quant aux premiers, *Mr. de Buff.*
dit, que les arabes, les turcs, les barbes, & les chevaux d'Andaloufie font
ceux qu'on doit préférer à tous les autres : je répondrai à cela, que, quant
aux chevaux arabes, il n'eft pas douteux qu'ils ne foient les meilleurs chevaux du monde & les plus propres
pour les Haras.

Mais ceux-là ne font deftinés que
pour les Haras des Princes, qui peuvent s'en procurer, & ce n'eft pas
de quoi il s'agit ici.

Quant aux chevaux turcs, & barbes j'avouerai que ces chevaux peuvent très-bien réuffir en les accouplant
avec des jumens à peu près auffi fines
qu'eux, pour en tirer d'excellens chevaux de manége & de courfe, mais

E

je n'en voudrois point pour nos jumens épaiſſes d'Allemagne, d'Italie,
angloiſes & normandes; car je n'ai
pas manqué d'obſerver dans tous ces
pays, que ces étalons ont plus fait
de mal que de bien, j'ai vû ſouvent
dans toutes ces contrées, de grands
chevaux montés ſur des fuſeaux, &
des poulains qui ne tenoient de leurs
peres, qu'une petite tête & des jambes très minces, qui ne ſeyoient nul-
lement avec leur corpulence : ainſi &
les turcs, & les barbes ne ſont point
encore les étalons qu'il nous faut ; on
fera très-bien de s'en ſervir dans les
haras, où l'attention du Directeur fera
qu'on ne les accouplera jamais qu'avec
des jumens qui leur ſoient bien aſſorties,
& il n'eſt pas douteux qu'on en tirera
comme je l'ai déjà dit, d'excellens
chevaux, ſoit pour le manége, ſoit pour
la courſe.

Il ne nous reſte donc plus des chevaux de la premiere qualité que nous propose *M. de Buffon*, que ceux d'Andaloufie, & ce font auffi ceux que j'eftime les plus propres, quand ils font bien choifis, car ils font renforcés, agiles, finceres & nobles :

Après les chevaux d'Espagne, les napolitains, les normands, les anglois, ceux du pays de Holftein & du Danemarck pourront encore fervir pour étalons de felle, proportion gardée de leur taille & de leur agilité : & quant aux étalons de carroffe, on peut prendre de ceux des pays que nous venons de nommer, en choififfant les plus grands & les plus renforcés : mais on en trouvera de plus propres encore dans la Frife & en Italie : j'en ai vû de ces derniers dont la taille étoit au-deffus de cinq pieds, quatre pouces.

ARTICLE ONZIEME.

DE LA MONTE,

Et des précautions qu'il faut prendre pour assortir les étalons aux jumens auxquelles on les destine.

LE temps de la Monte commence au mois d'Avril, c'est-à-dire, dans ce mois les Cavales commencent à entrer en chaleur, & cela ne va ordinairement que jusqu'à la fin de Juin, après cela on retire les étalons & la Monte est finie ; ce n'est pas que passé ce mois il n'y ait plus de jumens qui entrent en chaleur, mais c'est qu'on ne veut plus les faire couvrir ; la raison en est que si on les faisoit couvrir avant le mois d'Avril, les poulains qui viendroient au monde l'année d'après, dans

une saison encore froide & lorsqu'il
n'y a point encore d'herbe , pourroient souffrir & de la rigueur de la saison , & de la nourriture qui manque-
roit aux meres qui doivent les allaiter :
si au contraire on les fait couvrir passé
le mois de Juin , alors venant au jour
dans les mois les plus chauds de l'année , la chaleur & les mouches les
feroient beaucoup souffrir ; voilà pourquoi on choisit les mois d'Avril , Mai
& Juin pour donner la monte aux jumens ; mais cette règle , que l'on fera
très-bien de suivre quant aux Haras en
forme , pourroît être préjudiciable si
on la suivoit à la rigueur à l'égard des
jumens des Particuliers, répandues dans
les campagnes, car on risqueroit souvent d'en laisser un grand nombre à couvrir , ce qui ne laisseroit pas que de porter préjudice à divers Particuliers , qui
n'ayant, comme je l'ai déjà dit , chacun
d'eux qu'un ou deux poulains à élever ,

peuvent aifément, en tout temps, les garantir de la rigueur des faifons, & ils auront auffi toujours affez de fourrage pour nourrir les meres qui les allaitent ; ainfi il fera bien de laiffer toujours quelques étalons jufqu'à la fin de Juillet pour couvrir ces jumens tardives, qui fans ces précautions deviendroient à charge à leurs Maîtres, & inutiles au pays.

Venons à la Monte. *MM. de Garf.* & *de Buffon* nous donnent d'excellens préceptes fur cette matiere, ainfi je ne puis mieux faire que de les copier, en tâchant de lier enfemble le plus briévement qu'il me fera poffible leurs excellentes leçons , pour l'utilité de ceux qui liront ce petit effai.

„ Il eft à propos, dit *Mr. de Garf.* ,
„ de fe pourvoir pour le temps de la
„ Monte , de quelque Cheval entier
„ qu'on appelle bout-en-train, qui ne
„ fervira qu'à faire connoître les ju-

„ mens qui font en chaleur ou à les
„ y faire venir : la principale qua-
„ lité eft d'être ardent & de hennir
„ fréquemment. On fait paffer en
„ revûe toutes les jumens devant
„ le bout - en - train : celles qui ne
„ font pas en chaleur fe défendent de
„ lui & veulent le ruer ; mais celles
„ qui y font le laiffent approcher &
„ montrent des fignes de chaleur ;
„ après cette épreuve on retire le bout-
„ en-train , & on fait couvrir les ju-
„ mens en chaleur par les étalons qui
„ leur font deftinés , renvoyant les
„ autres jufqu'à ce que leur chaleur fe
„ dénote (*u*). „

Voici maintenant les précautions
que *Mr. de Buff.* nous avertit de prendre pour la diftribution des étalons.

„ Il faut , dit ce favant naturalifte ,
„ avoir grande attention à la différen-
„ ce , ou à la réciprocité des figures du

(u) Garf. *chap.* VI. *pag* 78.

„ Cheval & de la Jument, afin de cor-
„ riger les défauts de l'un, par les
„ perfections de l'autre, & furtout ne
„ jamais faire d'accouplemens difpro-
„ portionnés, comme d'un petit Che-
„ val avec une groffe Jument, ou d'un
„ grand Cheval avec une petite Ju-
„ ment, parce que le produit de cet
„ accouplement feroit petit ou mal
„ proportionné : pour tâcher d'appro-
„ cher de la belle nature, il faut aller
„ par nuances : donner, par exemple,
„ à une Jument trop épaiffe un Che-
„ val étoffé, mais fin, à une petite Ju-
„ ment un Cheval un peu plus haut
„ qu'elle, à une Jument qui pêche par
„ l'avant-main, un Cheval qui ait la tête
„ belle & l'encolure noble (x). „

Venons au moment même de la
Monte. Lorfqu'on menera l'étalon à
la Jument, continue *Mr. de Buff.*, qui
paroît ici avoir copié *Mr. de Garf.*,

(x) Buff. *tom.* 4. *pag.* 214. & 215.

mais en s'exprimant avec plus d'éloquence que ce dernier.

„ Lorsqu'on menera l'étalon à la Ju-
„ ment il faudra le panser auparavant,
„ cela ne fera qu'augmenter son ar-
„ deur ; il faut aussi que la Jument soit
„ propre & déterrée des pieds de der-
„ riere, car il y en a qui sont cha-
„ touilleuses, & qui ruent à l'appro-
„ che de l'étalon : un homme tient la
„ Jument par le licol, & deux autres
„ conduisent l'étalon par des longes ;
„ losqu'il est en situation, on aide à
„ l'accouplement en le dirigeant, &
„ en détournant la queue de la Ju-
„ ment : car un seul crin qui s'oppo-
„ seroit pourroit le blesser, même
„ dangereusement (y) : il arrive quel-

(y) Il est sûr que si on n'a pas un très-grand soin de bien arranger les crins de la queue de la jument, l'étalon s'y blessera & se mettra même hors d'état de servir de long-temps : voici comment il faut arranger cela ; on prend un ruban de fil large trois doigts, & on fait la queue à la Jument, que l'on attache ensuite à la criniere ; de cette façon tous les crins étant enveloppés par le ruban, il n'y a jamais rien à craindre.

„ fois que dans l'accouplement l'éta-
„ lon ne confomme pas l'acte de la
„ génération & qu'il fort de deffus la
„ Jument fans lui avoir rien laiffé :
„ il faut donc être attentif à obferver
„ fi dans les derniers momens de la
„ copulation le tronçon de la queue
„ de l'étalon n'a pas un mouvement
„ de balancier près de la croupe, car
„ ce mouvement accompagne toujours
„ l'émiffion de la liqueur féminale : s'il
„ a confommé, il ne faut pas lui laif-
„ fer réitérer l'accouplement, il faut
„ au contraire le ramener tout de fuite
„ à l'écurie, & le laiffer jufqu'au fur-
„ lendemain : car quoiqu'un bon éta-
„ lon puiffe fuffire à couvrir tous les
„ jours une fois pendant les trois mois

C'est un Chartreux Italien, qui a long-temps dirigé les Haras que ces Peres ont du côté de St. Benedetto, qui m'a appris à arranger ainfi les queues des jumens que l'on veut faire couvrir. Le même Pere m'a dit auffi, que lorfqu'il avoit des jumens qui ne vouloient point retenir, il les faifoit couvrir par un âne, & qu'elles retenoient prefque toujours, & qu'enfuite en leur redonnant un cheval, elles étoient auffi prefque toujours fécondes.

„ que dure le temps de la monte, il
„ vaut mieux le ménager davantage,
„ & ne lui donner une Jument que
„ tous les deux jours, il dépenſera
„ moins & produira davantage : dans
„ les premiers ſept jours on lui don-
„ nera donc ſucceſſivement quatre ju-
„ mens différentes, & le neuviéme
„ jour on lui ramenera la premiere,
„ & ainſi des autres, tant qu'elles ſe-
„ ront en chaleur : mais dès qu'il y en
„ aura quelqu'une dont la chaleur ſera
„ paſſée, on lui en ſubſtituera une
„ nouvelle pour la faire couvrir à ſon
„ tour, auſſi tous les neuf jours : &
„ comme il y en a pluſieurs qui re-
„ tiennent dès la premiere, ſeconde
„ ou troiſiéme fois, on compte qu'un
„ étalon ainſi conduit peut couvrir
„ quinze ou dix-huit jumens, & pro-
„ duire dix ou douze poulains, dans
„ les trois mois que dure cet exer-
„ cice (z).

(z) Buff. tom. 4. pag. 212. & 213.

Voici encore d'autres précautions qui ne font point à négliger.

„ Il y a des jumens, ajoûte *Mr. de*
„ *Garf.*, qui quoique fort en chaleur,
„ font chatouilleuſes, & ne laiſſent
„ pas de ruer l'étalon, quand il ap-
„ proche, ou quand il monte, on ſe
„ ſe ſert alors d'entraves, de peur qu'en
„ ruant elles ne bleſſent le Cheval (*aa*).

Quant au terrein qu'il faut choiſir pour donner la monte aux jumens, voici ce que le même auteur dit encore.

„ Le terrein où ſe paſſe la monte
„ doit avoir des inégalités afin d'aider
„ l'étalon pendant le temps qu'il cou-
„ vre : car ſi la Jument eſt plus gran-
„ de que lui, on la placera près d'une
„ petite hauteur, afin que le Cheval
„ ſe trouve ſur la hauteur & ait de l'a-
„ vantage : ſi la Jument eſt plus baſſe
„ que le Cheval, on la fera mettre ſur
„ la hauteur par la même raiſon. „

(aa) Garf. *pag.* 79.

Plus bas *le même Auteur* continue
ainſi : ,, comme il arrive dans le mo-
,, ment même de la monte pluſieurs
,, inconvéniens qui pourroient embar-
,, raſſer, il eſt bon de mettre au fait
,, des expédiens , dont on doit ſe ſer-
,, vir pour y remédier : lorſque le
,, Cheval eſt prompt, & la Jument
,, tranquille, tout ſe paſſera bien, &
,, ne donnera point d'inquiétude ; mais
,, il ſe trouve des étalons qui montent
,, pluſieurs fois inutilement ſur la Ju-
,, ment, ce qui ne fait que les fatiguer:
,, à ceux-là mettez des lunettes , ils ſe
,, tourmenteront moins : d'autres s'é-
,, lévent, & ſe dreſſent de façon qu'ils
,, ſont ſujets à ſe renverſer : il faut
,, alors que les palfreniers baiſſent les
,, cordes (*bb*) juſqu'à terre pour ra-
,, mener le Cheval en bas. Il ſe trouve
,, des étalons lents à couvrir qui reſtent
,, quelquefois long-temps tranquilles

(bb) *C'eſt-à-dire les longes de cuir.*

„ auprès de la Jument, on les éloi-
„ gne alors de la Jument : en les pro-
„ menant un tour, puis on les laisse
„ rapprocher : ils couvriront à la fin;
„ d'autres par trop de vivacité se met-
„ tent tout en eau sans pouvoir cou-
„ vrir : ce qui arrive plûtôt aux jeu-
„ nes chevaux qui n'ont pas encore
„ couvert : on les remettra dans l'écu-
„ rie, & un quart d'heure après on fera
„ une nouvelle tentative. La Jument
„ est quelquefois inquiéte & dérange
„ le Cheval par son agitation : alors il
„ faut que l'homme qui est à sa tête,
„ lui parle & la tienne de près : si cela
„ ne réussit pas il lui mettra le torche-
„ nez (cc), qu'il aura soin de défaire
„ promptement dans le moment que
„ le Cheval couvre (dd). Neuf jours

(cc) Quoiqu'en dise Mr, de Garf., & quelle que soit l'a-
dresse de celui qui tient la jument à défaire le torchenez au moment du coït, cette façon de faire couvrir une jument ne vaut
absolument rien.
(dd) ibid. Garf. pag 80. & 81.

„ après qu'une Jument à pouliné il faut
„ la ramener à l'étalon. „

Paſſons à l'autre façon de donner la monte.

„ Ce qui s'appelle la monte en
„ liberté, n'eſt autre choſe que de
„ lâcher un étalon dans un pâturage
„ bien fermé, avec la quantité de ju-
„ mens qu'on veut qu'il couvre : il eſt
„ certain que les jumens retiendront
„ bien mieux, mais l'étalon ſe fatigue,
„ & ſe ruine plus à cette fois qu'il ne
„ feroit en quatre ans : ainſi on ne doit
„ ſe ſervir de cette maniere (*ee*), que
„ quand on a un étalon dont on veut
„ tirer encore quelque couverture,
„ avant de le reformer ; il faudra lui
„ donner les jeunes jumens qui n'ont
„ pas encore porté, & celles qui re-
„ tiennent le plus difficilement (*ff*). „

(*ee*) *Au contraire il faut toujours s'en ſervir, car c'eſt la ſeule bonne façon de donner une monte, comme je le ferai voir tantôt, en indiquant les moyens de ménager l'étalon, afin qu'il ne ſe ruine point.*

(ff) Gaiſ. *page* 80. 81.

Voilà mis en abrégé autant qu'il m'a été poſſible ſans rien laiſſer en arriere, les préceptes des deux plus ſavans Auteurs qui ayent juſqu'à préſent traité cette matiere : que l'on me permette préſentement d'ajoûter quelques réflexions qu'un peu de pratique, jointe à d'attentives obſervations que je n'ai jamais négligées, m'ont mis en état de faire toutes les fois que j'ai été à portée de voir des Haras, ſoit en Italie, en Allemagne, en France, en Angleterre, ſoit enfin dans tous les différens pays où j'ai été ; peut-être ne ſeront elles pas tout-à-fait inutiles quoiqu'elles ne tombent que ſur des choſes très-ſimples, du moins j'eſpere que les gens habiles dans cet Art ne les jugeront pas telles. J'entre en matiere :

1°. J'ai dit à l'article des différens pays qui fourniſſent les meilleurs étalons, que je ne voudrois point me ſer-

vir

vir des chevaux Turcs ou Barbes pour faire couvrir nos jumens épaisses d'Italie, d'Allemagne, Normandes & Angloises : je sais bien que les raisons que j'en ai apporté ne contenteront pas tout le monde , c'est pour cela que j'y reviens : quoi, me dira-t-on ! vous soutenez contre l'opinion des plus grands maîtres , qu'il ne faut point se servir d'étalons Barbes, ni Turcs (*gg*) : lisez *Monsieur de Nevvcastle au chap. V.* : *quel Cheval est meilleur étalon* : vous y trouverez ces mots , *pour votre étalon il n'y a vraiement aucun Cheval meilleur, qu'un beau Barbe bien choisi, ou un beau Cheval d'Espagne bien fait* (*hh*) ?

Ensuite voyez dans le Traité du Haras que nous a donné *Monsieur de la Guériniere* : cet habile Ecu-

____

(*gg*) *Je n'ai pas dit tout-à-fait cela : que l'on prenne la peine de relire l'article où j'en ai traité.*

(*hh*) *Méthode nouvelle de dresser les chevaux. liv.* 1. *chap. V. pag.* 27. *édition de Londres.*

F

yer nous dit : „ les étalons qui vien-
„ nent des pays chauds, ont été de
„ tous temps regardés comme les
„ meilleurs pour en tirer race : tels
„ font les chevaux Turcs, Arabes,
„ Barbes & Espagnols, lorsqu’ils font
„ bien choisis (*ii*)?

Mr. de Solleyfel, dans fon difcours
du Haras, ne dit-il pas auffi en parlant des Barbes : „ ce font les feuls
„ bons chevaux pour étalons pourvû
„ qu’ils foient courts jointés (*kk*)?

Meſſieurs de Garſault, & *de Buffon*
dont vous prifés fi fort les leçons,
fur l’article du Haras, n’en excluent
point non plus les chevaux Barbes
& Turcs ; au contraire ce dernier
les met dans la premiere qualité des
chevaux dont on doit fe fervir pour
étalons ?

(*ii*) De la Guériniere, *Ecole de Cavalerie tom. II. pag.*
262. *édit. de Paris in* 8º. *en* 1754.
  (*kk*) Solleyfel, *Parfait Maréchal pag.* 295. *édit. de Paris
in* 4º. 1754.

Je répondrai à toutes ces autorités que je ne puis guere recufer, que je veux bien qu'on fe ferve pour étalons, de chevaux Barbes & Turcs, à condition qu'ils foient tels que ces Meffieurs les demandent, c'eft-à-dire bien choifis, grands & forts jointés ; enfin tels que font les portraits que nous en donne *Mr. de Nevvcaftle*, dans fon livre de la nouvelle méthode de dreffer les chevaux.

Mais une marque qu'il faut qu'il foit très-difficile d'avoir de tels chevaux dans nos pays, c'eft que je puis bien affurer n'en avoir jamais vû de pareils : j'ai cependant parcouru la plus grande partie des écuries des Souverains de l'Europe : j'ai vû à la vérité quelques beaux chevaux Turcs à Vienne, & encore quelques beaux Barbes, foit en France, foit en Angleterre, mais prefque tous fluets & minces, & aucun n'approchoit de ces beaux modéles que nous donne *Mr. de Nevv-caſtle*. Ce que j'avance eſt ſi vrai, que la premiere fois que je fus en Normandie, ſurpris de trouver une très-grande quantité de chevaux avec des jambes très-minces, j'en demandai la raiſon à pluſieurs perſonnes, toutes me répondirent que c'étoient les étalons Barbes qu'on leur avoit donnés, qui avoient entiérement ruiné les Haras de la Normandie : dans le Limouſin il me fut encore répété la même choſe. En Angleterre les chevaux ſortis d'étalons Barbes péchent auſſi par les jambes, & dans ce pays on s'en eſt ſi bien apperçû, qu'un Gentilhomme Anglois m'a aſſuré depuis, qu'on avoit donné des ordres pour remédier à cet inconvénient. Les chevaux Turcs en Allemagne, ne ſont pas d'une plus grande reſſource (*ll*), ſi on

(*ll*) *Voici ce que* Mr. de Buff. *lui-même nous dit de ces chevaux :* „ *les chevaux Turcs ne ſont pas ſi bien proportionnés*

en excepte quelques Haras dirigés par des perfonnes très-intelligentes, & où l'on n'épargne ni foin, ni argent pour s'en procurer de très-beaux, & que l'on a encore l'attention d'accoupler avec des jumens qui leur font afforties ; fans toutes ces précautions ils ne réuffiffent guere, avec des Jumens d'Allemagne, à donner des poulains bien bâtis, & voilà fur quoi je me fuis crû fondé de préférer les chevaux de ces pays, où il nous eft facile de choifir les plus beaux, aux Barbes & aux Turcs dont nous ne pouvons communément avoir que ceux que l'on veut bien nous amener.

La feconde obfervation que jai à faire, tombe fur ce que *Mrs. de Garf. & de Buff.* difent touchant la Monte en liberté : ils femblent l'un & l'autre défapprouver cette méthode, ou du

,, *que les Barbes, ils ont pour l'ordinaire l'encolure éfilée, le*
,, *corps long, les jambes trop menues.* ,, *tom. 4me. pag. 230.*

moins conseiller de s'en servir rarement ; pour *Mr. de Gars.*, à la bonne
heure, il n'étoit qu'un habile Ecuyer ;
mais *Mr. de Buff.* je ne puis le comprendre : comment ! ce savant Naturaliste qui auroit dû appuyer cette excellente méthode, a-t-il pû perdre de
vûe la nature en cette occasion ? quel
dommage qu'il ait négligé de s'éten-
dre davantage pour notre instruction,
sur un sujet si digne de ses savantes
observations & de son éloquence ?
étoit-ce à lui de nous dire, „ beau-
„ coup de gens au lieu de conduire
„ l'étalon à la jument pour la faire
„ couvrir, le lâchent dans le parquet
„ où les Jumens sont rassemblées, &
„ l'y laissent en liberté choisir lui-
„ même celles qui ont besoin de lui
„ & les satisfaire à son gré ; cette
„ maniere est bonne pour les ju-
„ mens, elles produiront même plus
„ sûrement que de l'autre façon , mais

„ l'étalon se ruine plus en six semai-
„ nes, qu'il ne feroit en six années
„ par un exercice modéré, & conduit
„ comme nous l'avons dit?

Je crois que si *Descartes* lui-même,
qui ne croyoit les animaux que de
simples machines, avoit écrit sur ce
sujet, il n'auroit pas plus maltraité ces
pauvres bêtes.

Mais *Mr. de Buffon* ! lui qui a fait
une Analyse si exacte de tous les mouvemens de l'ame du Cheval, qui
a su si admirablement bien découvrir
dans les tons de cinq sortes de hen-
nissemens différens (*mm*) ? comment
lui est-il échappé qu'un Cheval en liberté au milieu de plusieurs jumens,
pouvant choisir celle qui lui plaît davantage, ne réussiroit pas infiniment
mieux qu'un autre à qui on donne

____

(*mm*) *J'invite tous les connoisseurs à lire dans l'ouvrage de*
Mr. de Buffon, *ce beau morceau d'histoire naturelle.*

*Je crois que rien en ce genre ne peut y être comparé, tant
cet Auteur s'explique avec clarté & s'énonce avec éloquence.*

souvent une jument malgré lui, & que des palfreniers mal adroits tourmentent sans cesse à coups de caveffon donnés mal à propos : comment, dis-je, ne nous a-t-il pas appuyé de son autorité, pour faire voir à tout le monde que c'eft la meilleure & la feule façon de donner une monte comme il faut, & de tirer foit des jumens, foit des étalons tout l'avantage poffible, car il n'eft pas douteux que de cette façon les jumens produiront davantage, comme le dit *Mr. de Buffon* lui-même, & il eft encore indubitable que les poulains qu'elles donneront feront infiniment plus beaux.

La raifon que ce favant naturalifte apporte pour préférer la monte à la main, à la monte en liberté, d'après *Mr. de Garf.*, n'eft ni digne d'un homme tel que lui, ni fuffifante, comme je le ferai voir ci-après, pour faire rejetter la meilleure, & la feule bonne méthode de donner une monte avec fuccès. Mais comme malgré toutes les raifons que je puis apporter en faveur de la monte en liberté, la feule autorité de *Mr. de Buffon* eft d'un poids affez grand pour faire pancher la balance de l'autre côté, je vais m'appuyer moi-même auffi d'une autorité très-refpectable en ce genre, c'eft de *Mr. de Nevvcaftle* que je veux parler ; ce Seigneur qui a paffé, fi l'on peut dire, toute fa vie avec les chevaux, qui a eu les plus beaux haras du Royaume, & à qui l'Angleterre eft redevable des plus beaux établiffemens dans ce genre, dit au chapitre de la monte.

„ Pour ce qui eft de leur donner „ l'étalon, je n'approuve pour ma „ part en aucune façon de les faire „ couvrir en main, les enchaînant „ comme fi elles devoient être plû-

„ tôt ravies que couvertes ; car cette
„ action de la nature se fait avec
„ franchise & amour, & non contre
„ leur volonté, avec haine & mal-
„ veillance (*nn*). „

Plus bas il dit encore. „ Amenez
„ votre étalon lui ayant ôté les fers
„ de derriere, de peur que frappant
„ les Cavales il ne les blesse, & lui
„ laissez les fers de devant, afin de
„ lui préserver les pieds : faites lui d'a-
„ bord couvrir deux fois une Cavale
„ en main pour le rendre plus sa-
„ ge, tout aussi-tôt qu'il l'aura cou-
„ verte la deuxiéme fois, ôtez-lui
„ la bride, & le laissez aller libre-
„ ment aux autres Cavales, il de-
„ viendra par après si familier avec
„ elles : & les caressera en telle sorte
„ qu'à la fin elles lui feront l'amour :
„ si bien qu'aucune Cavale ne sera

(*nn*) *Méthode nouvelle de dresser les chevaux. liv.* 1. *chap.*
V. pag. 28.

„ montée qu'en sa chaleur. Lorsqu'il
„ les aura toutes servies, il les éprou-
„ vera encore l'une après l'autre,
„ & finira par couvrir celles qui
„ voudront le recevoir : il connoit
„ lorsqu'elles ne veulent plus de lui,
„ qu'il a parachevé son ouvrage, tel-
„ lement qu'il se met à battre la
„ palissade pour s'en aller : alors il
„ faut l'ôter (*oo*) „ : voilà mot à mot
les instructions que *Mr. le Marquis
de Nevvcastle* nous donne sur l'article de la monte, on devroit d'autant
plus s'en rapporter à lui sur cette
matiere, que ce Seigneur joignit toujours la théorie à la pratique, comme on peut s'en convaincre par son
excellent ouvrage (*pp*) qu'il nous a

(*oo*) *ibid. pag.* 29. 30.
(*pp*) *Voici comment* Mr. de Solleysel *parle de ce Seigneur :
J'ai cherché, dit-il, avec soin les Auteurs qui ont écrit en notre langue entre lesquels il n'y en a aucun qui instruise plus
particuliérement que* Mr. le Duc Nevvcastle, *l'un des plus ac-*

laiffé, & que j'ai déjà cité ci-deffus (*qq*).

Il ne me refte maintenant plus à répondre qu'à cette raifon fpécieufe, que *Meffieurs de Garfault* & *de Buffon* avancent pour défendre de faire ufage de la monte en liberté, *c'eft, difent-ils, que de cette façon l'étalon fe ruine plus en fix femaines, qu'il ne feroit en plufieurs années par un exercice modéré & conduit comme nous l'avons dit :* c'eft-à-dire, conduit à la main par deux bourreaux de palfre-

complis Seigneurs d'Angleterre, lequel a toujours eu une très-belle Ecurie, & depuis fort long-temps a eu tout le foin imaginable pour avoir dans fes Haras des chevaux excellens, & capables de réuffir : & comme il en faifoit fon principal divertiffement, il n'a pas oublié d'y apporter toutes les précautions qui pouvoient lui donner ce plaifir, & d'autant plus facilement qu'il n'a épargné ni dépenfe ni foin pour y réuffir : il avoit par fon expérience, la connoiffance des moyens pour y parvenir, auffi a-t-on vû fortir de fes Haras de très-beaux chevaux, non-feulement pour fournir fes écuries, mais encore pour en gratifier fes amis : il eft donc à préfumer que ce qu'il a donné au public ne peut manquer d'être excellent. Solleyf. difcours du Haras chap. LXXVIII. pag. 287 288.

(*qq*) *J'avertis que je n'approuve cependant pas tout-à-fait moi-même cette méthode, comme on le verra ci-après.*

niers qui le tiennent continuellement
à la torture.

Mais rien ne me paroît plus facile que de remédier à cet inconvénient & fans gêner la nature, ménager en même-temps les plaifirs &
les forces d'un étalon.

Voici comment il faut s'y prendre:

Dès que l'on a bien conftaté le nombre des jumens qui font en chaleur on
les enferme dans un parquet, enfuite on
y lâche un étalon, qui d'abord fe voyant
en liberté prendra un air alégre &
joyeux, hennira, gambadera quelque
temps, flairera toutes les jumens l'u-
ne après l'autre, & finira par couvrir celle qu'il trouvera le plus à fon
gré: cela fait, les gens d'écurie, que
je fuppofe être fur leurs gardes, s'a-
vancent avec une poignée d'avoine,
reprennent leur étalon & le rame-
nent à l'écurie, fans lui laiffer le temps
de réitérer l'accouplement ; d'un au-

tre côté on fait auffi retirer la Jument qui a été couverte, & qui ne
doit plus reparoître pour neuf jours,
enfuite on lâche un autre étalon, lequel, dès qu'il a encore fini fon accouplement, on retire comme le premier, ainfi que la Cavale, & puis
on recommence & on continue toujours
de même, tant qu'on a des étalons à donner ; & les jumens qui
reftent en arriere on les garde pour
un autre jour : fi l'on fe trouve
avoir beaucoup de Jumens, en proportion des étalons que l'on a, on
peut faire couvrir les plus vigoureux, de cinq jours, quatre, c'eft-à-
dire, chaque deux jours leur donner
un jour de repos, fans craindre de
trop les fatiguer.

Or que l'on me faffe un peu la
grace de me dire, fi l'on peut un
moment fe départir de la condefcen-
dance que l'on a toujours, & avec

beaucoup de raifon, pour les perfonnes d'un favoir éminent ? fi de la façon que je propofe de donner la monte en liberté, il y a tant foit peu à craindre qu'un étalon s'ufe plus vîte que de l'autre façon préférée très-mal à propos, & fans nul fondemeut par ces Meffieurs, toujours gênante pour l'étalon, reprouvée par la nature, peu sûre & par conféquent fouvent inutile.

Bien plus, c'eft que je fuis très-sûr que fi *Mr. de Buff.* ne s'étoit pas laiffé entraîner fur cet article au courant des autorités, il auroit sûrement relevé ce préjugé ancien, & auroit gémi comme moi, de voir que l'on gêne la nature exprès pour eftropier fes ouvrages.

Encore une fois gêner un étalon avec un gros caveffon fur le nez, que des mains barbares fecouent fans ceffe & très-rudement, à qui on donne une jument garrotée & avec un torche-nez, ne font affurément pas les moyens qu'il faut choifir pour aider la nature à perfectionner fes ouvrages.

Ainfi, en prenant un jufte milieu entre *Mr. de Nevvcaftle* qui veut qu'on lâche l'étalon, & qu'on le laiffe en liberté au milieu des Cavales jufquà ce qu'il donne des fignes de fatiété, ce qui affurément pourroit être préjudiciable, & ceux qui veulent qu'on garrote la jument, & que l'on gêne l'étalon au moment de l'accouplement : fi, dis-je, l'on prend un jufte milieu, tel, par exemple, que je l'ai propofé, il eft fûr qu'alors fans tomber dans aucun de ces excès ni d'un côté, ni de l'autre, on fecondera la nature dans fon œuvre, on ménagera les forces de l'étalon, on verra peu de jumens inécondes, & on aura de très-beaux poulains.

FIN DE L'ESSAI SUR LES HARAS.

TRAITÉ

DE LA

CONNOISSANCE EXTERIEURE

DU CHEVAL,

AVEC UN

EXAMEN ANALYTIQUE

DE

TOUTES LES FOURBERIES

DES MAQUIGNONS.

*Ouvrage très - utile à ceux qui
font dans le cas d'acheter
des Chevaux.*

AVANT-PROPOS.

Que l'on ne s'attende pas ici que je veuille simplement répéter ce que la plûpart des Auteurs, qui ont écrit sur les chevaux, ont déjà dit ; non , ce n'est pas là mon intention ; si je n'avois que cela à faire , je me tairois.

Je pourrai bien peut-être à toute rigueur redire quelque chose qui aura déjà été dit ; mais ma méthode de traiter cette matiere, comme on le verra , sera toute différente de la leur ; quelques uns de ces messieurs ont embrouillé la matiere par une trop grande érudition un peu mal placée : les autres n'ont pas, selon moi, arrangé les choses assez méthodiquement, ni assez simplement pour être bien entendus de tout le monde, & pour qu'il fut facile de retenir leurs leçons.

Ainsi je tâcherai de mon côté de dire beaucoup moins qu'eux, mais en revanche d'être clair, afin que tout le monde puisse bien me comprendre, d'être court pour ne point ennuyer, & d'arranger les choses le plus méthodiquement qu'il me sera possible, afin que jusqu'aux enfans puissent facilement retenir les enseignemens utiles que je donnerai sur cette matiere.

TRAITÉ
DE LA CONNOISSANCE
DU CHEVAL.

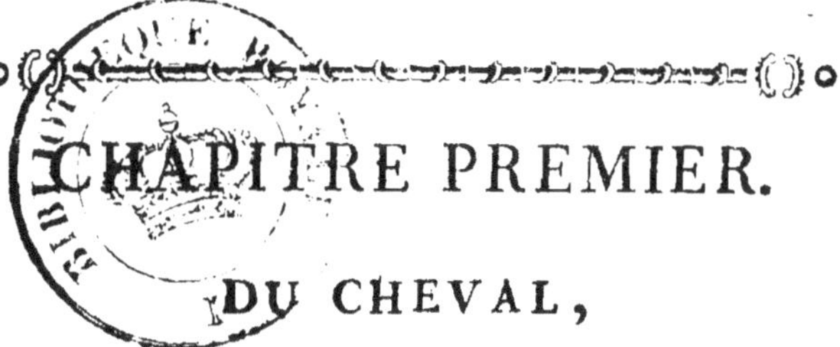

CHAPITRE PREMIER.

DU CHEVAL,

Et combien il eſt indiſpenſable de le bien examiner avant de l'acheter, pour ne point être trompé, vû qu'il eſt ſujet à une infinité de maladies.

LE Cheval eſt de tous les ani-maux qui ſervent au beſoin de l'homme, l'animal le plus cher, & en même-temps celui qui eſt le plus ſujet à une infinité de maladies, par-mi leſquelles il y en a pluſieurs qui

le mettent, ou tout-à-fait hors d'état
de service, ou le rendent presque de
nulle valeur : il y a eu des chevaux
qui ont été payés des sommes immen-
ses (*a*) : on m'a assuré en Angleterre, qu'il y a eu des Seigneurs qui
ont payés des étalons Arabes jusqu'à
cinq cent guinées : le Prince Eugene
en avoit un que j'ai encore connu,
qui lui avoit coûté mille sequins. Or
si ces beaux chevaux, achetés à si grands

(a) *Si je voulois donner ici une petite preuve d'érudition,*
je citerois le Cheval d'Alexandre qui a été payé treize talens,
que quelques uns font monter à 13000. *écus, quoique le talent*
attique ne valût qu'environ 600. *écus : le talent d'or valoit à la*
vérité 6750. *écus, ce qui feroit alors* 87750. *écus : mais je ne*
crois pas que Philippe pere d'Alexandre eût tant d'argent à
dépenser en un cheval.

Tavernier *nous dit encore dans son Recueil des voyages (où*
il ne dit pas toujours la vérité), qu'en Arabie il y avoit des
chevaux que l'on vendoit 100000. *écus.* tom. 1. pag. 157.

Il est vrai que quelqu'un qui tiendroit pour les ânes : (car
qui est-ce qui n'a pas ses protecteurs dans ce monde) pourroit
me dire que je n'ai qu'à voir dans Varron *au liv.* III. chap. II.
de re. rust. : Cet Auteur dit qu'un Senateur nommé Quintus
Axius *paya un âne* 400000. *sesterces : or cela fait à peu près,*
si je ne me trompe. 50000. *francs : voilà en vérité bien de*
l'argent employé pour acquérir un âne : il faut ou que cet âne
eût de grands talens, ou que cet Axius *aimât furieusement*
ses confreres pour dépenser une pareille somme.

fraix , avoient eu quelques défauts ,
voilà bien de l'argent jetté en l'air :
ajoûtez encore que rien n'eſt plus aiſé
à un maquignon, que de cacher les
défauts du cheval qu'il veut vendre ,
ſurtout s'il a à faire à quelqu'un qui
ne l'examine pas comme il faut, c'eſt-
à-dire méthodiquement , partie par
partie.

„ L'art des maquignons, dit *Mr.*
„ *de Garſault*, n'eſt autre choſe que
„ d'acheter de mauvais chevaux à bon
„ marché, & de les réparer & re-
„ faire de façon qu'ils puiſſent faſci-
„ ner les yeux du Public , & vendre
„ leurs chevaux beaucoup plus cher
„ qu'ils ne les ont achetés (*b*). „
Il faut pour s'aſſurer de n'être point
trompé par ces meſſieurs , en achetant un Cheval examiner, comme j'ai
dit, méthodiquement toutes ſes parties l'une après l'autre , & ne point

(b) Garſ. *chap. XI. pag.* 35.

faire comme font la plûpart de ceux qui achetent des chevaux, qui ne tiennent aucune règle dans leur examen, & fautent de la tête à la croupe, & de la croupe reviennent au train de devant, sans avoir examiné avec attention toutes les parties de l'arriere-main : en agiſſant ainſi on ne peut pas manquer d'oublier bien des choſes, & c'eſt alors qu'un fin Maquignon fait bien ſes affaires : car s'apperce-vant de votre peu de mérhode dans la façon d'examiner les chevaux que vous achetez, il ne vous laiſſera voir, s'il fait bien ſon métier, de chacun d'eux que les parties les mieux conſ-tituées & les plus ſaines ; par exem-ple, quand vous vous avancerez pour viſiter les yeux d'un cheval qui ne ſe-ront pas trop bons, pour vous en diſtraire, il vous fera remarquer en faiſant en même temps tourner le cheval, qu'il a une queue ſuperbe,

& qu'il la porte on ne peut mieux,
& ſi c'eſt les jarrets que vous vou-
liez viſiter & qu'il n'ait pas envie que
vous vous y arrêtiez, il vous dira
qu'aucun cheval au monde n'a jamais
mieux manié ſes épaules, & pour
preuve il vous le fait marcher, &
vous fait ainſi admirer le mouvement
libre de ſes épaules, quand vous êtiez
au moment de viſiter ſes jarrets, &
comme vous ne gardez nulle méthode dans votre examen, il vous paroît d'abord égal de voir une choſe
ou l'autre la premiere, d'ailleurs on
ſe croit toujours à temps d'y revenir,
enſuite cela paſſe de la mémoire, on
l'oublie & on eſt enroſſé, & il ne
faut pas dire que l'on n'eſt pas aſſez
bête pour donner dans ce panneau ;
j'en ai vû qui ſe croyoient bien fins
& qui ont été ſouvent attrapés.
J'ai vû, entr'autres, vendre un cheval entiérement déferré d'un œil à

une perfonne qui s'en croyoit beaucoup, qui le vifita même affez long-
temps & qui l'acheta fans s'en appercevoir ; ce ne fut que quand elle
l'eût dans fon écurie qu'elle s'apperçut
qu'il lui manquoit un œil : on le lui
avoit tant tortillé de tous côtés, qu'elle
n'avoit jamais été dans le cas de jetter les yeux fur cette partie : notez
encore que cette perfonne dont je
parle fe connoiffoit très-bien en chevaux, & n'étoit pas homme à laiffer
paffer un défaut s'il lui tomboit fous
les yeux : mais ne mettant nulle méthode dans l'examen des chevaux qu'il
achetoit, il oublioit toujours quelque
chofe ; ainfi ou ne vous mêlez point
d'acheter des chevaux, ou mettez de la
méthode dans l'examen que vous en ferez avant de les acheter ; ou tenez-
vous pour fûr d'être attrapé.

CHAPITRE SECOND.

Il n'y a qu'une seule bonne façon de bien examiner un Cheval, pour s'af- surer de ne laiſſer paſſer aucun dé- faut.

JE viens de dire & je ne ſaurois aſſez le répéter, que pour s'aſſurer de ne point être trompé en achetant des chevaux, il faut ſe faire une méthode, & ne jamais s'en départir, qui vous aide à examiner avec attention toutes les parties d'un Cheval, l'une après l'autre, ſans faire aucun ſaut, en com- mençant par la nuque & en finiſſant à la pointe de la queue : mais pour rendre ce que je dis plus ſenſible aux ſens, plus facile à mettre en pra- tique, & en même-temps à la portée des moins intelligens, je place ici une Table Analytique de toutes les parties extérieures du cheval, il faut l'apprendre par cœur, & en même-temps jetter les yeux sur la planche que je joins encore ici exprès, pour mieux graver dans l'esprit de celui qui voudra s'instruire, ce qu'il est nécessaire qu'il sache, & utile qu'il n'oublie jamais, pour être un parfait connoisseur de chevaux : ensuite je récapitulerai toutes ces parties, & en m'arrêtant sur chacune d'icelles, je dirai quels font les moyens dont les maquignons se servent pour cacher, pallier, ou faire disparoître pour quelque temps, les défauts qui affectent ces differentes parties de l'individu, & en même-temps je montrerai aussi les moyens de connoître & de se préserver de leurs jolis tours d'adresse, mais il faut avant tout, bien apprendre par cœur la Table Analytique, sans cela ce n'est que du temps perdu.

TABLE
ANALYTIQUE
DES PARTIES EXTERIEURES
DU CHEVAL.

Il faut l'apprendre par cœur.

CHAPITRE TROISIEME.

Des parties extérieures du Cheval.
Défauts ou maladies qui
les affectent.

Fourberies des maquignons pour
les cacher aux yeux des
Acheteurs.

La Nuque. 1.

LA Nuque eſt la partie ſupérieure
de la tête du cheval. Les maquignons
coupent dans cet endroit, la peau
de la largeur d'un pouce, ou quatorze lignes, enſuite la couſent en-
ſemble, graiſſent la partie & l'opération eſt faite : ils font cela pour relever les oreilles aux chevaux qui les
ont pendantes, mais cela ne dure que
quelques mois, enſuite la peau ſe relâ-
che & les oreilles retombent comme

auparavant : c'eſt la premiere partie du cheval qu'on examine ; il faut paſſer le doigt ſur la nuque ſi l'on ne veut point être trompé, ſi le Cheval ſe laiſſe manier les autres parties de la tête & qu'il faſſe difficulté de ſe laiſſer toucher en cet endroit, défiez-vous en, & ne l'achetez point, ſurtout ſi c'eſt un Cheval fin, que vous n'y ayez touché.

Les Oreilles. 2.

On les arrange de deux façons :

1°. On les coupe, quand elles ſont trop longues, & il n'y pas grand mal ſi l'opération eſt bien faite.

2°. Les maquignons groſſiers en Allemagne y mettent des cornets de papier dedans pour les faire tenir droites ; cette méthode eſt ſi uſitée dans ce pays, que ſouvent ſur cent chevaux qu'on me préſentoit, il y en avoit vingt qui avoit des cornets dans les oreilles, pour cela il n'y a qu'à y regarder & on s'en apperçoit auſſi-tôt.

Le Toupet. 3.

C'eſt cette partie de la criniere qui ſe trouve au deſſus de la tête, qui paſſe entre les deux oreilles & vient couvrir le front : les maquignons s'en ſervent quelquefois pour couvrir la marque du bouton de feu, qu'un maréchal ignorant aura, très-mal à propos, appliqué ſur cet endroit à un Cheval qui aura eu le vertigo. Il ne faut donc pas oublier de relever le toupet pour voir s'il n'y a point de marques, car il ne ſeroit pas agréable d'acheter un cheval qui auroit eu le vertigo, & de le payer tout auſſi cher que s'il n'avoit jamais rien eu : ce qui ne manquera pas de vous arriver, ſi le marchand s'apperçoit que vous n'y avez rien connu.

Le

Le Front. 4.

Les Maquignons font fouvent de fauffes pelottes ou étoiles artificielles fur cette partie :

1°. Parce que cette marque donne un air plus gai au Cheval.

2°. Pour bien appareiller les têtes de deux chevaux de carroffe, dont l'u‑ne a une pelotte & l'autre point. Ils s'y prennent de différentes façons pour cela, la plus aifée eft celle‑ci.

Ils prennent une rave plus groffe ou plus petite, felon la grandeur de la marque qu'ils veulent imprimer, la font cuire fous les cendres ; & lorf‑qu'elle eft affez cuite, ils la reti‑rent du feu, la coupent en deux, & la tenant avec une paire de pincettes, l'appliquent auffi chaude qu'il eft pof‑fible fur le front du cheval, auquel ils ont préalablement arraché les poils, & ils réitérent cette opéra‑

H

tion, s'il le faut, deux ou trois fois, enfuite ils oignent la playe avec de la graiffe de Blaireau ou Taiffon : ils fe fervent auffi quelquefois de la pierre ponce, qu'ils paffent à l'endroit où ils veulent faire venir les poils blancs : ils frottent avec cette pierre jufqu'à ce qu'ils en ayent emporté les poils & la peau, enfuite ils graiffent la playe comme ci-deffus, ou avec quelque autre onguent, & cela ne manque prefque jamais de réuffir.

Ce ne feroit pas un grand mal, quand même, fans s'en appercevoir, on acheteroit un Cheval avec une fauffe pelotte, cependant il eft très-aifé de la connoître, fi on y regarde.

1°. En ce que les poils des fauffes pelottes font toujours plus longs que ceux des pelottes naturelles :

2°. Parce que la playe fe refermant, il y refte toujours au milieu un petit endroit où le poil manque.

Les Salieres. 5.

Les Salieres creuſes dénotent, dit-on, un cheval vieux, ou bien un cheval qui a été engendré par un vieux étalon : mais comme outre cela ils défigurent auſſi un peu un cheval, les Maquignons n'ont pas manqué de chercher un moyen pour faire diſparoître ces creux : c'eſt en Normandie où j'ai vû pour la premiere fois cette manœuvre. Un garçon qui avoit long-temps ſervi des Marchands de chevaux, vint s'offrir à moi pour en conduire quelques-uns que j'avois achetés à la foire de Caen, & en ayant entr'autres acheté un qui étoit fort beau, mais qui ſe trouvoit préciſément avoir des ſalieres enfoncées, je dis, en le remettant à ce garçon pour le mener à l'écurie, que c'étoit dommage que ce Cheval n'eût pas des ſalieres bien

H 2

fournies ; il me répondit auſſi-tôt en ſouriant, *que cela Monſieur ne vous faſſe aucune peine, rien de plus aiſé que de faire diſparoître ces creux* : je ne pris pas d'abord garde à ce qu'il me diſoit : il s'en alla avec mon cheval à l'écurie, & moi je ne tardai pas dix minutes à le ſuivre : mais quelle fut ma ſurpriſe, quand arrivant chez moi, il me fit voir le cheval avec les ſalieres bien relevées & les creux tout-à fait diſparus ! je lui donnai d'abord un écu pour boire, & je lui demandai enſuite comment il avoit fait ; il me fit auſſi-tôt voir, ſans ſe faire prier, ſon opération, & pour cela il prit le pre-mier cheval qui ſe trouva ſous ſa main dans la cour de l'Auberge où j'étois logé, & qui avoit les ſalieres creuſes, & avec une épingle il le piqua au cen-tre du baſſin de la ſaliere, enſuite appuyant ſes lévres deſſus il y ſouffla de toute ſa force, & bien-tôt la peau s'éleva si fort en cet endroit, que son creux surpassoit même de quelques lignes l'os du bassin de la saliere : la chose est d'autant plus aisée à faire, que le Cheval n'est point du tout sensible en cet endroit, car il ne remue pas seulement, quand on lui enfonce l'épingle, que l'on fait entrer environ six lignes ; cela ne dure cependant que quelques jours, ensuite les creux reparoissent insensiblement : mais c'en est bien assez pour les Maquignons, qui ne s'étudient à autre chose qu'à épier les momens d'attraper leurs dupes.

Et voici comment on s'apperçoit si une saliere a été soufflée ; en ce que l'air qui agit toujours où il trouve la moindre résistance, pousse davantage le cuir au centre de la saliere, qui résiste moins que les bords qui tiennent à l'os du bassin ou temporale, & cela fait qu'une saliere soufflée forme toujours un convexe ou demi-globe au centre, & laiſſe tout à l'entour en dedans du baſſin de la ſaliere, un petit cercle creux qui décéle la fourbe du Maquignon.

Les Yeux. 6.

Pluſieurs perſonnes croyent que l'œil eſt la partie la plus difficile à bien connoître dans un Cheval, mais ils ſe trompent : je ferai voir bien-tôt que tout dépend de ſavoir bien placer le Cheval que l'on veut examiner.

Quant aux Maquignons, ils n'ont ici que des tours bien groſſiers à vous jouer.

Comme ils ne peuvent point changer les mauvais yeux de leurs chevaux, que font-ils ?

1°. Ils tâchent de vous diſtraire au point de vous faire oublier de les viſiter, & cela leur réuſſit quelquefois.

2°. Ils vous placent le cheval ſi déſavantageuſement qu'il eſt impoſſible d'y rien voir :

3°. A ceux qui n'ont pas de meil‑ leurs moyens pour connoître ſi les yeux d'un cheval ſont bons ou non, que d'y paſſer la main devant ou de tenir une paille entre leurs dents, qu'ils approchent inſenſiblement de l'œil du cheval, pour voir s'il remue, & juger par ce mouvement de l'érat de ſa vûe ; à ceux-là, j'ai vû des maqui‑ gnons, qui, ſans faire ſemblant de rien, au moment que ces bonnes gens approchoient ou la main, ou la paille des yeux du cheval, le piquoient avec la pointe d'un clou qu'ils tenoient ca‑ ché dans leur gand & qu'ils appu‑ yoient comme par diſtraction, ou ſur le garrot, ou ſur le dos du cheval, qui ſe ſentant piquer , donnoit un coup de tête qui faiſoit croire à mes nigauds que c'étoit l'effet de l'objet qu'ils ap‑ prochoient de l'œil du cheval, & ſe laiſſoient ainſi groſſiérement attraper.

Mais par ma méthode on ne tombera guere dans le premier inconvénient, qui eſt celui d'oublier d'examiner une partie auſſi eſſentielle qu'eſt
la vûe dans un cheval; car dès qu'on
en ſait bien toutes les parties par cœur,
on les examine toutes l'une après
l'autre; & il eſt impoſſible d'en oublier
une ſeule, pour peu qu'on y ſoit accoutu-
mé: on ne tombera pas non plus dans
le dernier inconvénient, car il n'y a
que les plus grands ignorans qui s'a-
viſent d'approcher ou la main, ou la
paille de l'œil du cheval, pour juger
s'il eſt bon ou mauvais.

Il ne reſte donc plus qu'à ſavoir
comment il faut placer un cheval, pour
pouvoir bien lui examiner les yeux.

Les Maquignons ne manqueront pas
de vous placer un cheval qui n'aura
pas une vûe parfaite, de façon qu'une
lumiere égale l'environne de tous cô-

tés, & cela afin d'empêcher le jeu de la prunelle, qui seul doit vous faire connoître si un œil est bon ou mauvais.

Ainsi, quand vous voudrez procéder à l'examen des yeux d'un cheval que vous voulez acheter : ayez attention de le placer de façon que le plus grand jour le frappe dans les yeux & l'obscurité derriere : alors vous observerez si ses yeux sont bons, la prunelle qui au grand jour se resserre en un point assez petit, à mesure que vous tournerez la tête du cheval vers l'obscurité, elle se dilatera jusqu'à paroître trois ou quatre fois plus grande qu'elle n'étoit : ramenez encore insensiblement la tête du cheval vers la lumiere, la prunelle se resserrera de nouveau, & si ces mouvemens de dilatation & de resserrement ne s'ensuivent pas, c'est une marque que l'œil ne vaut rien, & quand même il y verroit encore , il ne faut point l'acheter , car il ne tardera pas à perdre entiérement la vûe (c).

Les Joues. 7.

Il faut avoir attention que les joues ne foient pas trop épaiffes ou charnues :

Car 1°. des joues trop chargées de chair rendent ordinairement la tête du cheval pefante à la main.

2°. Ces fortes de chevaux font quelquefois fujets aux fluxions des yeux.

(c) *Les yeux font encore fujets à une infinité de maladies , mais ce n'eft pas mon affaire ici : on peut lire pour cela, fi l'on veut , le IX. Chap. du Guide du Maréchal de* Mr. *de* Lafoff: : *quant à moi je n'ai voulu qu'indiquer la façon de s'y prendre , pour connoître fi un œil eft bon ou non ; pour ce qui eft des Dragons , Cancers , Tayes &c. , comme tout cela fe voit aifément , il ne vaut pas la peine d'en parler : & quant aux Coups , pour les diftinguer de la Fluxion appellée Lunatique , il n'y a qu'à regarder, fi l'œil eft couleur de feuille morte . alors c'eft une Fluxion , & fi le dedans de l'œil eft blanc c'eft un coup ; mais il vaut mieux laiffer le Cheval , quand on n'y peut pas bien voir , car fouvent un coup eft très-dangereux & fait auffi perdre l'œil au Cheval.*

L'Angle de la machoire inférieure. 8.

Quand l'angle formé par les deux os de la machoire inférieure eſt trop petit, il empêche le cheval d'y loger ſon goſier entre deux, & cela fait qu'il porte le nez au vent : il eſt très-eſſentiel de manier cette partie du cheval, pour voir s'il n'y a point de glandes, car alors ce pourroit être un indice de morve, ſurtout ſi le cheval n'eſt plus d'un âge à jetter la gourme : & il ne faut pas croire que parce qu'il ne jette pas des matieres par le nez, ces glandes ne ſoient d'aucune conſéquence, point du tout, car les Maquignons ne ſont point embarraſſés de trouver les moyens d'empêcher un cheval morveux de jetter pour quelque temps, en leur ſeringuant dans le nez des injections fortes & aſtringentes, telles que l'eau de chaux ou bien de vitriol, ou de l'alun diſſout dans de l'eau, dans le vinaigre ou dans l'eſprit de vin ; ainſi tenez-vous bien ſur vos gardes, ſinon vous y ſerez attrapé.

Le Chanfrein. 9.

Le Chanfrein, à la rigueur, comprend toute la partie de la tête du cheval, qui eſt entre les ſourcils depuis les oreilles juſqu'au nez.

Les marchands de chevaux peignent quelquefois le chanfrein d'un cheval de carroſſe, afin qu'il ſoit mieux appareillé avec un autre auquel ils l'accouplent ; mais il faut être bien dupe pour s'y laiſſer prendre.

Les Naſeaux. 10.

Les Naſeaux doivent être minces & bien ouverts, afin que le cheval puiſſe reſpirer à ſon aiſe.

Comme les chevaux qui se mou-
chent bien, paffent pour être fains
& vigoureux, les Maquignons au moment qu'ils les fortent de l'écurie pour
les faire voir, leur pouffent du poivre, du tabac ou du fel dans le nez,
afin de les obliger à fe moucher :
ainfi pour peu que ce mouchement
foit réitéré, il faut paffer un de vos
doigts dans les nafeaux, & vous con-
noîtrez s'ils y ont mis quelque chofe,
furtout fi c'eft du tabac ou du poivre, il s'attachera à votre doigt, &
s'ils y ont mis du fel, il en décou-
lera quelques gouttes comme d'une
eau très-claire.

La Bouche. 11.

Pour qu'un Cheval ait une belle
bouche, il faut qu'elle ne foit ni trop,
ni trop peu fendue ; il paroît d'abord
prefque impoffible que les Maquignons

puiſſent encore parvenir à cacher en partie ces défauts aux yeux de l'Acheteur : cependant comme ils ne reſtent jamais courts en rien, voici comment ils s'y prennent pour cela ; ordinairement, à un Cheval qui a une bouche trop fendue , on donne un Mors dont l'œil du banquet eſt fort bas, afin que la gourmette ne porte pas trop haut : mais les Marchands de chevaux , ſurtout à Paris, font le contraire , ils mettent aux chevaux qui ont la bouche trop fendue , un Mors avec l'œil du banquet fort haut & allongent la gourmette tant qu'ils peuvent , cela fait croire à ceux qui n'y regardent pas bien attentivement , que le cheval n'a pas la bouche trop fendue ; & *vice verſa* ; aux chevaux qui ont la bouche trop peu fendue, à qui ils devroient donner des mors avec l'œil du banquet haut , ils leur en mettent qui l'ont très-bas, avec

une gourmette fort courte , enſuite
tirent les porte-mors tant qu'ils peuvent , cela fait paroître la bouche
du cheval un peu plus fendue de
ce qu'elle n'eſt en effet : ainſi , ſi c'eſt
un Cheval fin & de grand prix que
vous ayez à acheter , il faut lui faire
ôter la bride , pour bien voir s'il a
la bouche belle , c'eſt-à-dire ni trop ,
ni trop peu fendue.

La Langue. 12.

Il arrive tous les jours , que des
gens ſans attention achetent des chevaux , à qui il manque la langue ;
les Maquignons , pour cacher ce défaut , ſe ſervent d'un mors auquel ils
arrangent au haut de la liberté de la
langue (*d*) un petit morceau de fer,

(d) *On appelle la liberté de la langue, la partie ſupérieure de l'embouchure du Mors.*

lequel, quand on veut regarder dans la bouche, en pouffant un peu les branches en haut pique le cheval au palais, & fait qu'il fe tourmente & ne s'y laiffe point regarder : alors ils vous difent que le cheval eft difficile : mais comme il ne faut jamais les écouter, & que d'ailleurs ce feroit dépenfer très-mal fon argent que d'acheter un cheval fans langue, il faut lui faire ôter la bride pour tâcher d'y voir bien clair, ou bien ne point acheter le cheval.

Les Barres. 13.

Les bonnes Barres font celles qui ne font ni trop hautes, ni trop baffes, ni trop rondes, ni trop tranchantes : les barres trop rondes ou trop charnues, font très-peu fenfibles au mors & font que le cheval pefe à la main, & fi c'eft un cheval, ou-

tre

tre cela qui ait de l'ardeur, il emportera ſon Cavalier qui ne pourra le retenir ; ſi au contraire elles ſont trop tranchantes & trop ſenſibles, le cheval n'aura aucun appui, battra continuellement à la main, & ſi malheureuſement celui qui le monte n'eſt pas habile Cavalier & qu'il lui donne le moindre coup de bride , il ſe le renverſera deſſus.

Les Marchands de chevaux font ordinairement monter un cheval qui a des barres ou trop fortes ou trop ſenſibles , avec un ſimple bridon : ils font monter le cheval qui a des barres trop fortes avec le bridon, afin , s'il s'emporte , d'avoir une excuſe & dire qu'il eſt impoſſible de bien tenir un cheval avec un ſimple bridon ; & celui qui les a trop ſenſibles , afin qu'il ſoit plus tranquille, qu'il ne ſe dreſſe point & qu'il ne batte pas tant à la main ; mais quand on eſt

I

un peu connoisseur, on distingue les bonnes barres, tout simplement en les tâtant avec le doigt.

Les Dents. 14.

C'est sur les dents que les Maquignons exercent le plus amplement leur adresse, ils les arrachent, ils les scient, ils les liment & ils les contre-marquent.

Ils arrachent les dents de lait aux jeunes chevaux, afin que les autres poussent plus vîte, pour faire croire le cheval plus vieux d'un an de ce qu'il n'est.

Ils scient ou bien liment les longues dents des vieux chevaux pour les faire paroître plus jeunes.

Ils contre-marquent ces mêmes dents qu'ils ont raccourcies, ou bien celles de ces chevaux, qui quoiqu'ils ayent rasé ne les ont jamais longues : mais pour peu qu'on foit fur fes gardes, il eſt bien aiſé de ne pas s'y laiſſer tromper.

1°. On connoît aux crochets, fi l'on a arraché des dents à un jeune poulain, car peu après avoir pouſſé les mitoyennes, les crochets d'en bas percent, & alors le cheval a quatre ans, ainſi, fi l'on voit les mitoyennes de deſſous & de deſſus entiérement dehors, & que les crochets n'ayent point encore pouſſé, il eſt ſûr que les dents de lait du poulain ont été arrachées : il en eſt de même, fi les coins de deſſous & deſſus ont pouſſé, & que les crochets d'en haut ne paroiſſent point encore.

2°. On connoît les dents qui ont été limées ou fciées, en ce qu'en un cheval à qui on a fait cette opération, quand il a la bouche fermée, les dents de devant ne joignent plus, parce que les machelieres, que l'on ne

peut ni limer, ni ſcier, les en empêchent.

3° On connoît les contre-marquées
en les examinant attentivement, car
on ne les trouve pas auſſi blanches
qu'elles devroient l'être, & les crochets
ſeront arrondis & jaunes (*e*) : aux
dents on connoît encore les chevaux

(e) *Cet article auroit été trop long, & j'aurois trop
long-temps détourné l'attention du Lecteur, ſi j'avois voulu y
mettre tout ce qu'il y a à dire ſur les dents des chevaux ;
j'ai mieux aimé faire cette annotation, que l'arrêter trop
long-temps ſur cette partie du cheval ; mais comme rien n'eſt
plus eſſentiel que de bien connoître l'âge du Cheval que
l'on veut acheter, j'y ſuppléérai ici : & pour parler en même
temps & à l'eſprit, & aux yeux du Lecteur, j'ajoûte ici
une planche où j'ai fait graver ſept mâchoires inférieures &
trois ſupérieures : il faudra y jetter les yeux deſſus & la
ſuivre bien attentivement, & je promets qu'en moins de deux
heures on ſe mettra en état de connoître, ſans qu'il ſoit
poſſible de ſe tromper, l'âge d'un cheval depuis ſa naiſſance
juſqu'à dix ans : après leſquels il faut recourir à d'autres
marques.*

*Les chevaux ont quarante dents, vingt-quatre machelieres,
quatre canines (qu'on appelle auſſi crochets) & douze inciſives. Mais les jumens n'ont ordinairement point les quatre
dents canines, de façon qu'elles en ont quatre de moins que
les chevaux.*

*C'eſt aux dents inciſives & aux crochets, qu'il faut re-
courir, pour connoître l'âge des chevaux, depuis leur naiſſance juſqu'à leur dixiéme année. Pour mettre une certaine
règle dans ce que je vais dire, & pour me faire mieux entendre, je commencerai par faire connoître ces dents par*

qui tiquent fur la mangeoire , en ce
qu'ils ont les dents de deſſus uſées
& en bec de flûte.

*leur nom : voyez la planche II. fig. 1e. elle repréſente une
mâchoire inférieure qui a encore toutes ſes dents de lait :
enſuite voyez la 3e. figure , les dents marquées 1. 1.
qui ſont celles du milieu , s'appellent les pinces , celles marquées 2. 2. qui ſont à côté des premieres , s'appellent les mitoyennes , celles marquées 3. 3. les coins , & celles marquées
4. 4. les crochets.*

*Quinze jours environ après la naiſſance du poulain , les
dents de lait commencent à pouſſer , & à quatre mois & demi
elles ſont toutes dehors , le poulain les conſerve toutes juſ-
ques environ trente-quatre , ou trente-ſix mois , enſuite elles
tombent ſucceſſivement les unes après les autres , comme nous
le dirons ci-après.*

*Les dents de lait fig. premiere , on les connoît en ce qu'el-
les ſont extrêmement blanches au dehors , courtes & ſans
creux , mais cependant un peu noires au-deſſus.*

*A trente-quatre mois . ou trois ans le poulain commence
à poſer les deux pinces d'en bas a. a. figure 2e. & quelques
mois après celles d'en haut : à quatre ans il met bas les
mitoyennes 2. 2. figure 3e. de la mâchoire inférieure , &
quelques mois après celles de la mâchoire ſupérieure , &
alors il commence à pouſſer les crochets 4. 4. figure 3e. , à
cinq ans tombent les coins d'en bas b. b. figure 4e. , & quelques mois après encore celles d'en haut , & les crochets de deſſus ſont auſſi tout-à-fait dehors : alors le Cheval a cinq ans
accomplis*

*Toutes ces dents que nous venons de voir , qui remplacent
les dents de lait , ſont beaucoup plus dures que celles-ci ,
elles ſont creuſes & ont encore une marque noire dans leur
concavité , c'eſt à cela qu'on les diſtingue des dents de lait.*

*A ſix ans les pinces d'en bas c. c. figure 5e. commencent
à s'emplir & les marques à s'effacer , à ſept ans les mitoyennes inférieures d. d. figure 6e. s'empliſſent & s'effacent à*

Comme ces chevaux font fort in-commodes, attendu qu'ils font quelquefois fujets aux tranchées, & qu'ils ont encore l'incommodité de ne pouvoir manger l'avoine, fans qu'il leur en tombe beaucoup de la bouche, ce qui les fait fouvent dépérir, fi l'on n'y prend garde ; les Maquignons pour cacher ce défaut aux yeux des Acheteurs, mettent aux chevaux qui tiquent, quand ils font à l'écurie, une longe qui prend à la muferolle du licou & va s'attacher au ratelier, ou à un clou qui eft dans la mu-

leur tour, & à huit ans s'empliffent les coins d'en bas e. e. figure 7e., & dans ce temps les pinces de la mâchoire fupérieure f. f. figure 8e. commencent auffi à s'emplir & à s'effacer, à neuf ans les mitoyennes de deffus z. g. figure 9e. s'empliffent & s'effacent à leur tour, enfin à dix ans les coins h. h. fiugre 10e. finiffent auffi de marquer, & alors les crochets, qui d'abord étoient pointus & blancs, commencent à s'arrondir & à jaunir.

Enfuite, à mefure que le cheval avance en âge, la gencive fe retire, les dents fe décharnent & paroiffent beaucoup plus longues.

Il y a des chevaux qu'on appelle béguts, auxquels la marque des dents ne s'efface point, mais comme les creux ne laiffent pas que de fe remplir, cela fait qu'il n'eft pas difficile de les connoître.

raille , & vous difent qu'ils font cela pour empêcher le cheval de manger fa litiere , & quand ils les fortent , ils ajuftent quelque chofe au mors qui les tourmente , afin qu'ils ne fe laif- fent point regarder dans la bouche.

La Barbe. 15.

J'appelle la barbe la partie du men- ton du cheval où appuye la gour- mette.

La barbe ne doit être ni trop plate ni trop épaiffe , afin que le Cheval ne pefe pas à la main. Pour con- noître cette partie du cheval, on y paffe la main & on la manie : dans un cheval de prix , c'eft un défaut effentiel qu'une barbe trop épaiffe.

L'Encolure. 16.

L'encolure eſt toute cette partie du cheval qui s'étend depuis la tête juſqu'aux épaules. Une belle encolure doit être longue & relevée.

Les Maquignons, ſurtout en Allemagne & en Italie, pour donner de l'encolure à leurs chevaux, les aſſujettiſſent avec un petit cordon qui tient aux deux yeux du banquet du bridon, & qui vient paſſer aux couſſinets du ſurfait, & un garçon tient en même-temps les deux longes du bridon fort courtes à la main, & ſoutient ainſi avec le pouce droit, qu'il appuye à l'endroit de la barbe, la tête du cheval, tandis que le Maître avec un long fouet l'anime par derriere : c'eſt ainſi qu'ils appareillent les encolures de deux chevaux de carroſſe, qu'ils veulent vous vendre, & qui ſouvent

ne font pas mieux afforties enfemble,
que ne feroit l'encolure d'un âne
qu'on accoupleroit avec un chameau.

En France les Maquignons fe con-
tentent, pour relever l'encolure des
chevaux, de leur mettre un mors avec
de longues branches qu'un Piqueur
tient ferme dans la main, en hauf-
fant la tête du cheval tant qu'il peut,
tandis que fon Maître lui applique
de bons coups de fouets aux flancs.

La Criniere. 17.

Une belle criniere doit être longue, fine & légere, c'eft-à-dire qu'elle
ne foit pas trop chargée de crins,
furtout pour les chevaux de felle.

Le Garrot. 18.

Il doit être haut & tranchant,
c'eft-à-dire bien déchargé de chair,

& c'eſt une qualité eſſentielle, ſurtout pour les chevaux de chaſſe.

Les Epaules. 19.

Les épaules doivent être peu chargées de chair, & avoir un mouvement libre ; tout cheval qui ſera
chargé d'épaule & qui raſera le tapis, bronchera à tout moment : il
ne faut pas non plus qu'elles ſoient
trop ſerrées ou, comme on dit, che-
villées, car alors le cheval ſe coupe, ſe croiſe, & ſouvent en galopant
il s'abat.

Les Coudes. 20.

Il y a des chevaux à qui il croît
une loupe à la pointe du coude : cela
provient de ce qu'ils couchent mal,
c'eſt - à - dire qu'étant couchés, *leur*

coude appuye fur le fer (*f*) ; ces fortes de chevaux, il faut les ferrer courts & fans crampon. Il y a différentes façons d'emporter ces loupes (*g*), on les perce avec un bouton de feu, on les coupe avec le biftouri, on les confume après les avoir ouvertes avec des cauftiques, & c'eft ainfi que les marchands de chevaux en ufent, quand ils ont quelque cheval qui a des loupes, avant de l'expofer en vente : mais en y touchant on connoît d'abord, fi un cheval a eu une loupe & qu'on la lui ait emportée.

Le Poitrail. 21.

Je ne puis mieux faire, pour bien donner à entendre comment doit être

(f) *On appelle cela coucher en vache.*
(g) *Voyez* Mr. de Lafoffe, *Guide du Maréchal chap. VII. Des tumeurs farcomateufes : art. 1. pag. 262., édit. de Paris in-4°. 1766.*

le poitrail du cheval , que de me fervir des expreſſions mêmes , auſſi élégantes que juſtes , de *Mr. de Garſault*. Un beau poitrail , dit-il , eſt celui qui eſt bien à ſon aiſe , entre ſes deux épaules (*h*).

L'Avant-bras. 22.

L'avant-bras doit être renforcé & nerveux. Il n'eſt point de marque plus ſûre de la force d'un cheval qu'un bel avant-bras.

Les genoux. 23.

Le genou du cheval doit être rond & ſouple.

(h) Voici ſes propres mots. *Quand on voit le poitrail bien à ſon aiſe entre les deux épaules , & que les deux jambes de devant ſont éloignées l'une de l'autre d'une diſtance raiſonnable par en haut , on dit que le cheval eſt bien ouvert du devant :* Garſault , connoiſſance générale & univerſelle du Cheval. chap. IX. pag. 26. édit. de Paris in 4°. 1745.

Les genoux font quelquefois fujets aux capelets renverfés , furtout ceux de ces chevaux qui donnent des coups dans la crêche en mangeant leur avoine, ou en fe chaffant les mouches en été, fi on n'y fait pas d'abord attention & qu'on n'y remédie pas fur le champ.

Vous trouverez encore des chevaux auxquels il manque du poil fur la pointe du genou (i) ; il ne faut point les acheter, quoique puiffe vous dire le maquignon , car vous n'acheteriez qu'une roffe. Aux chevaux noirs il faut y regarder plus attentivement qu'aux autres , parce qu'il eft fi facile de les noircir, qu'il n'y paroîtra rien.

Le Canon de la jambe. 24.

Le canon de la jambe doit être large & plat.

(i) *On les appelle genoux couronnés.*

C'eſt une des parties du Cheval, qu'on doit examiner avec le plus d'attention.

Les jambes en général ſont ſujettes à une infinité de maux, dans les plis du genoux viennent les malandres, au long du canon il ſe forme des ſuros, des fuſées & des oſſelets, derriere, le long du tendon, viennent les crevaſſes & les queues de rats, à côté des boulets, entre le tendon & l'os du canon, viennent les molettes, tout cela ſe voit en y regardant ſeulement avec un peu d'attention ; mais ce à quoi il faut le plus prendre garde, c'eſt aux jambes roides : car les Maquignons ne manqueront pas, avant de vous préſenter ces chevaux, de les faire trotter quelque temps pour les échauffer & les dégourdir ; ſi vous vous doutez de cela, faites entrer le cheval un peu avant dans l'eau, & en ſortant arrêtez-le un moment, & vous verrez bientôt qu'il ne pourra plus remuer ſes jambes.

Ils ont encore l'art de reſſerrer les molettes, quand elles ne ſont pas bien invétérées, & ſe ſervent pour cela de l'eſprit de vin avec du ſel, en les frottant bien, elles diſparoiſſent pour quelque temps, mais ſi l'on fatigue tant ſoit peu le cheval, elles reparoiſſent tout de ſuite.

Le Nerf ou le Tendon de la jambe. 25.

Il doit être bien détaché, libre & net, & c'eſt encore une des parties du Cheval à laquelle il faut bien faire attention.

Les Chataignes. 26.

Ce ſont quatre excroiſſances d'une corne molle, à peu près de la figure &

de la grosseur d'une petite chataigne, que tous les chevaux ont dans les endroits que vous voyez dans la planche 1e. marqués 26.; ces chataignes tombent quelquefois d'elles-mêmes, & d'autres fois on les coupe, si l'on veut, car elles repoussent toujours.

Les Boulets. 27.

Ce sont les quatre jointures qui sont au bas du canon des jambes. Les boulets doivent être menus ; c'est dans cet endroit que le cheval se coupe, lorsqu'il marche mal , qu'il est foible, mal bâti ou panard :

C'est un grand défaut à un cheval que de se couper, car il sera bien-tôt estropié & de nulle ressource.

Les maquignons ont grand soin, quand ils ont la moindre route à faire, de bien envelopper les boulets des chevaux qui se coupent, pour qu'ils ne s'ems'emportent point les poils, afin que ceux qui doivent les acheter ne s'apperçoivent pas de ce défaut. Mais les chevaux qui se coupent fort, quoiqu'on les garantisse de s'emporter les poils, ne laissent pas que d'avoir souvent les boulets douloureux, après une longue route qu'ils auront faite; & on s'en apperçoit en les serrant avec les deux doigts de la main : ainsi quand vous verrez un Cheval qui marche serré ou qui se couvre, quoiqu'il n'ait point de poils emportés, défiez-vous en.

Cependant, il ne faut pas vous étonner qu'un cheval se coupe, s'il est jeune, & qu'il vienne de faire une longue route ; alors, quoiqu'il se soit emporté les poils aux boulets, pourvû qu'il marche bien, & qu'il soit bien bâti, vous ne devez avoir aucune difficulté de l'acheter, car en acqué-

K

rant de la force, il eſt ſûr que le cheval ne ſe coupera plus.

Les maquignons ont encore la ruſe, dès qu'ils arrivent au marché, à la foire, ou à l'endroit où ils veulent vendre leurs chevaux, de faire vîte appliquer à ceux qui ſe coupent, des fers qui débordent de beaucoup, afin de vous faire croire que le cheval ne s'eſt coupé que parce qu'il a été mal ferré ; leur malice va juſqu'à ſe ſervir pour cela de vieux clous, pour qu'on ne s'apperçoive pas que le cheval a été tout fraîchement ferré.

La lie des maquignons, uſe encore de faire paſſer le cheval qui ſe coupe, dans la boue, pour cacher les cicatrices des boulets ; alors vous n'avez qu'à faire paſſer le cheval dans l'eau, & leur fourbe eſt auſſi-tôt découverte.

Les Paturons. 28.

Le paturon eſt la jointure qui va du boulet juſqu'au pied : là ſont réunis tous les tendons du pied (*k*). Le paturon doit être maigre , renforcé , mais pas trop long : les plis , ou le dedans des paturons ſont ſouvent attaqués de crevaſſes , de poireaux , de fics & de javarts , qui ſont fort douloureux dans cet endroit ; il faut y paſſer le doigt pour ſentir s'ils ſont bien nets , ou faire lever le pied du cheval , pour bien examiner s'il n'y a point de vieilles cicatrices , & dans ce cas , ſi le cheval n'eſt pas tout-à-fait jeune , il ne faut pas l'acheter ; car tous ces maux ne tarderont pas à reparoître , ſurtout s'il vous faut marcher dans les boues , ou que l'on

(ᴋ) *Voyez* **Guide du Maréchal** *par* **Mr.** de Lafoſſe : *planche VII. fig. d.*

K 2

néglige tant foit peu de les tenir bien propres : les devant des paturons font encore attaqués d'une autre maladie, quelquefois dangereufe, quoiqu'on en dife, que l'on appelle forme ; c'eft une tumeur calleufe qui fe durcit, & qui fait fouvent boiter le cheval, & que le plus fouvent auffi on ne guérit qu'avec le feu ; ainfi il faut y bien regarder : pour moi de mon côté, je n'aimerois guere acheter un cheval qui auroit des formes (*l*).

Les Fanons. 29.

On appelle fanon, cet affemblage de crins qui fe trouve à la partie poftérieure des boulets & qui couvre l'ergot.

Les chevaux qui ont les fanons

(1) *Meffieurs* de G*a*rfault & de Lafoffe, *femblent ne faire pas grande attention aux formes, cependant j'ai prefque toujours vû boiter les chevaux qui en étoient attaqués.*

longs & touffus, n'ont été engendrés que par des étalons du commun.

Aussi les marchands de chevaux ne manquent ils jamais d'arracher avec des pincettes, les poils aux jambes des chevaux, pour les faire passer pour plus fins qu'ils ne sont. Combien n'ai-je pas vû vendre, en France, de chevaux pour Normands, qui n'étoient pas plus Normands que Turcs, & dans les foires d'Allemagne, combien de chevaux Suisses ne vend-t-on pas pour des chevaux du Holstein ? cependant si on y regarde bien attentivement, on distinguera aisément les jambes auxquelles on a arraché les poils, & on ne s'y laissera pas attraper.

Les Ergots. 30.

Ce sont encore des excrescences d'une espéce de corne, que tous les chevaux ont derriere & au bas du boulet, & qui paroît être de la même nature que celle des chataignes.

La Couronne. 31.

La couronne est ce rebord qui se trouve au bas de la jointure du paturon, qui borde le haut du sabot ; elle doit être peu élevée.

Le Sabot. 32.

„ Le Sabot, dit *Mr. de Garsault*, „ est pour ainsi dire, l'ongle du che- „ val; il forme le pied extérieur, „ & entoure l'os qui s'appelle, l'os „ du petit pied, & comme le sabot „ est rond, sa partie de devant s'ap- „ pelle la pince, les côtés se nom- „ ment les quartiers, & le derriere „ forme deux élevations appellées les „ talons; la couronne (continue le „ même Auteur) doit être noire,

„ unie & luifante : & le fabot doit
„ être haut, les quartiers ronds, &
„ les talons hauts & larges „ (*m*).

Cette partie du cheval eft fujette aux feimes, qui changent de nom fuivant leur fituation. Les maquignons, furtout en Angleterre, fe fervent d'un certain maftic pour boucher les fentes des feimes, qui s'adapte fi bien à la corne du cheval, qu'il eft prefque impoffible de s'en appercevoir, fi l'on n'y regarde bien attentivement ; l'eau n'y fait rien, & la pointe du couteau y entre difficilement (*n*).

La Sole. 33.

Une bonne fole doit être épaiffe & concave.

(m) Garf. *chap.* 1. *pag.* 6.
(n) *Ce maftic, à ce qu'on m'a dit, doit être compofé de poudre de marbre noir, de poix réfine & de cire. J'ai depuis trouvé dans l'Enciclopédie, au mot maftic, une compofition qui eft à peu près la même : mais il n'y eft point dit que ce maftic puiffe fervir à cet ufage.*

Il se trouve quelquefois des chevaux à qui il vient des poireaux ou fics sous les soles ; les maquignons les cachent autant qu'ils peuvent sous un fer bien couvert, j'ai pensé une fois y être attrapé moi-même, à la foire de Leipsick ; on me présenta un cheval Danois, très-beau, qui avoit un fic sous la sole du pied gauche de derriere ; mais comme je ne me suis jamais négligé dans l'achat des chevaux, je m'en apperçus & le laissai ; cependant ce cheval fut vendu un moment après à un Ecuyer, qui le paya quatre vingt ducats, & qui ne s'apperçut de rien.

Le Dos. 34.

Le dos doit être uni , égal, insensiblement arqué sur la longueur, & relevé des deux côtés de l'épine qui doit paroître enfoncée (*o*).

(*o*) *Voyez Hist. nat. tom.* 4. *pag.* 199. *in-*4°.

Comme c'eſt l'endroit où l'on place la ſelle, ſouvent les maquignons s'en ſervent pour couvrir un dos bleſſé, ainſi, s'il en a une, il faut la lui faire ôter.

Les Reins. 35.

Les reins ſe trouvent placés entre l'extrêmité du corps & la croupe.

Quelquefois on paſſe le feu ſur cette partie qui aura ſouffert quelque petit effort, alors quoique le cheval ſoit bien remis, cela ne laiſſe cependant pas que d'en diminuer le prix ; les maquignons, pour obvier à ce petit inconvénient, tâchent de cacher ſous une couverture, ou bien avec les baſques de la veſte du piqueur qui le monte, cette marque de feu aux yeux de l'acheteur ; mais ce n'eſt que les dupes qui s'y laiſſent prendre, & qui achetent des chevaux

ſans en examiner bien toutes les parties.

Les Côtes. 36.

Elles ne doivent point être appla-
ties, car c'eſt un défaut qui défigure
le cheval, qui doit les avoir rondes,
& ſurtout bien proportionnées à ſa
taille.

Les Flancs. 37.

Les flancs doivent être pleins &
courts.

Les maquignons pour donner de
beaux flancs à leurs chevaux, accou-
tument de leur faire manger de l'a-
voine avec du ſel avant de les faire
boire, enſuite ils leur donnent encore du ſon après avoir bû : cela fait
que les flancs s'empliſſent & paroiſſent plus courts.

C'eſt encore aux flancs que l'on connoît ſi un cheval eſt pouſſif ; il faut pour cela les examiner bien attentivement , & voir d'abord s'ils ne ſont point altérés, s'ils battent juſte, ſi après que le cheval a trotté, il ne fouffle, ni ne touſſe point.

On prétend que les maquignons ont le ſecret d'arrêter la pouſſe ; mais je doute qu'ils ayent celui de faire battre un flanc altéré , bien réguliérement : & c'eſt la ſeule marque à laquelle il faut s'attacher pour connoître ſi le cheval eſt ſain ou non.

Le Ventre. 38.

Les chevaux qui ont le ventre de levrier ont ordinairement beaucoup de feu, mais mangent peu, & ceux qui ſon ventrus mangent beaucoup, travaillent bien, mais lentement, car ils ſont preſque tous pareſſeux : ils font excellens pour la charrette.

La Croupe. 39.

La croupe est la partie postérieure du cheval, qui comprend les hanches & le haut des fesses : elle doit être ronde & bien fournie.

Une croupe avalée défigure le cheval, & une croupe trop étroite désigne souvent peu de force.

La Queue. 40.

Le tronçon de la queue doit être épais, ferme & garni de longs crins, sans cependant être trop touffus.

La queue ne doit être encore, ni trop haute ni trop bas plantée ; la queue haute défigure le cheval, & ceux qui l'ont bas plantée, ont ordinairement les reins foibles.

Les maquignons pour faire paroître une belle queue à leurs chevaux, en frottent les crins avec de l'huile d'olive; cela leur donne du luifant & les fépare bien les uns d'avec les autres: & pour la leur faire bien porter, ils leur mettent du poivre dans l'anus ; à Londres & à Paris, on ne vous montre jamais un cheval, qui n'ait fon derriere poivré.

L'Anus. 41.

On appelle ainfi l'extrêmité de l'inteftin nommé *rectum*, qui fe rétrécit, & fe termine par un orifice étroitement pliffé.

Il faut lever la queue du cheval pour examiner cette partie, que l'on ne doit point négliger, parce qu'il s'y trouve quelquefois des poireaux & fics, ou des fiftules.

Les Feſſes. 42.

„ Les feſſes & les cuiſſes d'un che-
„ val , dit *Mr. de la Guériniere* , doi-
„ vent être groſſes & charnues, à
„ proportion de la croupe ; & le
„ muſcle qui paroît au dehors de la
„ cuiſſe , au deſſus du jarret , doit
„ être fort épais , parce que les cuiſſes
„ maigres & qui ont ce muſcle pe-
„ tit , ſont une marque de foibleſſe
„ au train de derriere.„
„ Un cheval dont les cuiſſes ſont
„ trop ſerrées , eſt dit-on mal gigot-
„ té „ (*p*).

Le Graſſet ou Graſſel. 43. (*q*).

Le graſſet ou graſſel, eſt la jointure placée au bas de la hanche vis-

(p) La Guérin. *Ecole de Cavalerie.*
(q) *Voyez Enciclop.* , *au mot Graſſel.* Et Mr. de la Guérin.
Ecole de Caval.

à-vis des flancs, à l'endroit où commence la cuisse : c'est cette partie qui avance près du ventre du cheval quand il marche.

Les bourses & le Fourreau. 44.

Les bourses font cette peau qui enveloppe les testicules du cheval : & le fourreau celle qui couvre son membre.

Il faut examiner attentivement l'un & l'autre, parce que souvent on y trouve des fistules surtout aux chevaux entiers que l'on n'envoye pas quelquefois à l'eau.

Les maquignons avec une teinture astringente, arrêtent & cachent ces fistules qu'il n'y paroît rien, surtout si le cheval est d'un poil obscur.

Les Jarrets. 45.

Il faut qu'ils ſoient larges & bien évidés. Les jarrets gras & pleins, ſont ſujets aux ſoulandres, aux veſſigons, aux varices, aux capelets, aux jardons, aux courbes & aux éparvins.

A la vérité toutes ces tumeurs ne ſont pas toujours boiter le cheval : les plus dangereuſes ſont les deux dernieres ; & comme il eſt eſſentiel de les bien connoître j'ai marqué leur place ; (r) la petite croix † marque l'endroit de la courbe, & la petite étoile * le lieu où l'éparvin paroît.

Mais un cheval qui a un éparvin qui le fait boiter, ſouvent après lui avoir échauffé le jarret, ne reſſent plus aucune douleur & ne boite plus ; comme les maquignons n'ignorent pas cela, vous ſentez bien qu'ils ne négli-

(r) *Voyez la planche num. 1.*

geront

geront pas de faire trotter le cheval qui aura un éparvin, avant de vous le préfenter ; ainfi tenez-vous fur vos gardes, foit en bien examinant le jarret, foit en paffant le cheval dans l'eau, ou en lui laiffant refroidir la jambe.

La pointe du Jarret .46.

Eft cette partie poftérieure du jarret où croît le capelet ;

„ C'eft une groffeur flottante, dit „ *Mr. de Lafoffe*, qui n'attaque que „ la peau & fes tiffus ; ce n'eft autre „ chofe qu'un épanchement de féro- „ fité. Les caufes les plus communes „ font les coups (f). „

Les marchands de chevaux fe fervent d'efprit de vin camphré, avec du fel, pour les faire paffer, & ils font très-bien, quand ils y réuffiffent ; mais fouvent il n'y a que le feu qui puiffe y faire quelque chofe.

(f) *Guid. du Maréch. pag.* 250.

L

CHAPITRE QUATRIEME.

Après avoir examiné les défauts qui affectent les différentes parties physiques d'un cheval, il faut encore avoir attention à ses qualités naturelles bonnes ou mauvaises.

DAns le chapitre précédent j'ai fait voir quels font les défauts qui affectent les différentes parties physiques du cheval, & quelles font les fourbes des maquignons, pour les cacher aux yeux des Acheteurs : il me refte maintenant à dire encore deux mots fur fes qualités bonnes ou mauvaifes, car il eft auffi effentiel d'y prendre garde, qu'aux défauts mêmes ; ainfi pour faire les chofes en règle, on examine d'abord fi le cheval

que l'on veut acheter, a les qualités
qui font requifes pour l'emploi auquel
on veut le deftiner ; par exemple , fi
c'eft un cheval de chaffe, on examine
s'il a de la légéreté, des jarrets &
des jambes qui promettent de la ref-
fource ; fi c'eft un cheval de manége ,
s'il a des reins fouples , & de beaux
mouvemens ; fi un Cheval de Guerre,
s'il a un air robufte, qui le faffe juger capable de foutenir la fatigue, de
la légéreté & de la taille ; fi un
cheval de maître, s'il eft d'un poil noble, s'il a un avant-main bien relevé & de beaux crins; fi des chevaux de carroffe, s'ils ont du deffous,
du poitrail & de l'encolure ; fi c'eft
un étalon, outre toutes les perfections qu'il faut qui foient réunies en
lui , on examine encore s'il a une phy-
fionomie qui promette de la vigueur;
fi un cheval de Troupe , il faut
pour un Cavalier un cheval fort

épais (*t*) , pour un Dragon, un cheval qui ait de la légéreté, & pour un Houzard, un cheval lefte & de beaucoup d'haleine.

Le bidet doit avoir la tête légére, les jambes renforcées & un bon pas.

Enfin, outre la fanté de l'individu, il faut encore, dis-je, que chaque cheval foit taillé pour être propre au fervice que l'on penfe tirer de lui.

Après ce court examen, on monte le cheval, pour connoître s'il a de la force, & s'il n'eft point hargneux, rétif ou ombrageux, ou fi quelquefois il ne fe couche point dans l'eau.

Les maquignons ne manqueront pas non plus ici de mettre en ufage tout leur favoir-faire, pour cacher les mauvaifes qualités & les vices de leurs chevaux ; par exemple, s'ils ont un cheval qui ne veuille point quitter l'écu-

______

(t) *Voyez Mémoires fur l'Art de la Guerre, de* Mr. le Comte de Saxe *pag.* 42. *édit. de Manheim in* 4°. 1757.

rie , ils vous meneront un peu loin pour vous le faire voir , ou ils feront fermer la porte de l'écurie , & un garçon s'y tiendra avec un fouet , pour le prévenir toutes les fois qu'il paſſera de ce côté : ſi c'eſt un cheval hargneux , à force de coups de fouet , & en lui faiſant faire tous les jours trois ou quatre fois le même eſpace de chemin , ils parviendront , à la fin , à le lui faire parcourir ſans qu'il ſe défende.

Si vous montez un de leurs chevaux qui ſoit rétif ou ombrageux, ils enverront leur piqueur avec vous , qui montera le cheval qui lui eſt toujours à côté dans l'écurie & avec lequel il mange ſon avoine , afin que ſi votre cheval fait la moindre difficulté de paſſer en quelque endroit , ou qu'il ait peur de quelque objet , il puiſſe tout de ſuite approcher ſon cheval du vôtre pour l'animer à paſſer.

S'il ſe couche dans l'eau , on vous

menera promener de quelque côté où le cheval n'aura point occasion de se mouiller les pieds , ou bien quand vous passerez dans l'eau , le piqueur vous devancera , pour animer votre cheval à le suivre , ou claquera son fouet après , afin qu'il ne cherche point à s'arrêter.

Enfin , quoique j'aie tâché de ne rien oublier , quoique par une étude & une pratique continuelle de plus de vingt ans , je me sois mis en état de savoir quelque chose sur le chapitre des chevaux , il me seroit cependant encore bien difficile de tout dire sur cette matiere ; ainsi je ne saurois mieux finir que par une maxime établie parmi les gens de cheval , & que j'ai oui répéter dans tous les pays où j'ai été ; que quand on achete des chevaux , il faut avoir la bourse & les yeux ouverts ; l'expression est assez triviale , si l'on veut , mais la maxime n'en eſt pas moins utile , elle nous fait du moins connoître que dans tout pays , comme dans tout état , on ſe fait communément peu de ſcrupule d'attraper qui que ce ſoit , en fait de chevaux.

Courte Récapitulation de tout ce qui a été dit.

Sans autre préambule , récapitulons ici ce qui a été dit dans les quatre chapitres précédens.

Ceci pourra paroître à quelques-uns une inutile répétition , & pourra peut-étre faire bailler quelques Lecteurs , mais je ne ſaurois qu'y faire : en tout cas, ce ne ſera pas à eux , je leur dé-clare , que je m'adreſſerois , ſi jamais j'avois une commiſſion à donner pour une emplette de chevaux , car je n'ai pas grande foi à ceux qui ont tou-jours peur qu'on leur répéte trop de fois une chofe, dont ils ne fauroient jamais être affez inftruits.

D'ailleurs j'efpére que ceux à qui mes inftructions pourront épargner bien des piftoles, & avec cela la honte encore d'être attrapés, m'en fauront quelque gré.

Selon les maximes que nous venons d'établir, il faut donc que toute perfonne qui voudra acheter un ou plufieurs chevaux, cela eft égal (car on n'en examine jamais qu'un à la fois, & il faut que tous le foient avec la même exactitude, fi l'on ne veut être trompé).

1. Il faut qu'il commence par jetter un coup d'œil général fur toute la figure du cheval, pour voir s'il a la taille, la figure & les qualités extérieures requifes pour l'ufage auquel on veut le deftiner.

II.   Qu'il passe son doigt sur la Nuque, pour connoître si la peau n'y a point été coupée, pour relever les oreilles au cheval.

III.   Qu'il regarde si les oreilles n'ont point été coupées, & si on n'y a rien mis dedans pour les faire tenir droites.

IV.   Qu'il leve le Toupet, afin de voir s'il ne couvre pas quelques marques d'un bouton de feu appliqué en cet endroit, ce qui dénoteroit que le cheval a eu le vertigo.

V.   Au front il regardera si on n'y a point fait de fausses pelottes, ce qui se connoît à ce que les poils des fausses pelottes sont toujours plus longs, & que vers le milieu il reste toujours un petit endroit où le poil manque.

VI.   Il examinera les salieres, pour

voir si elles n'ont point été souf-flées, ce qui se connoît à un petit cercle creux qui paroît tout autour de l'os temporal, au dedans du bassin de la saliere.

VII. Il examinera avec attention l'œil, pour voir si la prunelle se resserre, & se dilate toutes les fois qu'elle passe de l'obscurité à la lumiere, & de la lumiere à l'obscurité.

VIII. Il observera que les joues ne soient pas trop charnues, car elles rendent la tête du cheval pesante & les yeux sujets aux fluxions.

IX. Il tâtera l'angle de la mâchoire inférieure, pour voir s'il est assez grand pour pouvoir loger le gosier, & que surtout il n'y ait point de glandes en cet endroit, ce qui seroit un indice de morve.

x.   Il prendra garde que le chanfrein ne soit point peint, ce que les Maquignons font quelquefois pour appareiller les têtes de deux chevaux de carrosse.

xi.   Il visitera les naseaux, pour voir si on n'y a rien mis dedans pour faire que le cheval se mouche bien.

xii.   Pour examiner la bouche, il fera ôter la bride du cheval, pour pouvoir bien juger de sa beauté, qui consiste à n'être ni trop ni trop peu fendue.

xiii. Il examinera la langue, car quelquefois elle manque aux chevaux, & c'est une partie trop essentielle, pour oublier bêtement d'y regarder.

xiv.   De la langue il passera aux barres, parties très-essentielles aussi dans un cheval, il les tâtera avec les doigts pour connoître si elles ne font pas ou trop rondes , ou trop tranchantes, deux inconvéniens à éviter avec foin ; car le premier fait que le cheval pefe à la main , & fait encore qu'il eft très-difficile à retenir , le fecond le fait battre continuellement à la main & le rend fujet à fe cabrer.

xv.   Après les barres viennent les dents ; comme nous avons dit que les Maquignons les arrachent, les fcient, les liment & les contre-marquent, il eft donc à propos de les bien obferver. On connoît celles qui ont été arrachées, parce que celles qui viennent à leur place ne pouffent point en règle avec les crochets ; on connoît celles qui ont été fciées ou limées, en ce que les dents de devant ne joignent plus, parce que les machelieres

les en empêchent ; & celles qui
ont été contre-marquées, on les
connoît en ce qu'elles ne font
pas auffi blanches qu'elles le devroient être, & encore aux crochets qui feront arrondis & jaunes.

XVI.   Il faut manier la barbe pour
connoître fi elle n'eft pas trop
plate , ou fi le cuir n'en eft
pas trop épais , ce qui rendroit
le cheval dur & pefant à la
main.

XVII. Comme une belle encolure
doit être longue & relevée ; le
Maquignon s'aidera tant qu'il
pourra pour vous la faire paroître plus belle de ce qu'elle n'eft ,
ou en affujettiffant le cheval
avec un petit cordon, qui tient
aux deux yeux du banquet du
bridon & vient paffer aux couf-
finets de furfait , ou avec un

mors à longues branches pour lui relever la tête, mais furtout avec fon fouet.

XVIII. La criniere, nous avons dit qu'elle doit être longue, fine & légere, c'eft-à-dire, point trop chargée de crins.

XIX. Le garrot doit être haut & tranchant, c'eft-à-dire, déchargé de chair, pour les chevaux de felle.

XX. Les épaules, aux chevaux de monture furtout, doivent être féches, plates & peu ferrées, & avoir un mouvement libre, afin que le cheval ni ne bronche, ni fe coupe, ni ne fe croife, ni ne tombe en marchant.

XXI. Les coudes font fujets aux loupes, quand le cheval couche mal; on emporte ces loupes en différentes façons; il faut manier le coude du cheval pour voir s'il y eft fujet.

XXII. Un coup d'œil que vous jette-
rez fur le poitrail, vous fera connoître s'il eſt bien à ſon aiſe
& comme il faut entre les deux
épaules.

XXIII. L'avant-bras, quand il eſt nerveux & renforcé, c'eſt la marque la plus sûre de la force du
cheval.

XXIV. Le genou doit être rond &
ſouple ; les capelets renverſés affectent cette partie & ne portent
pas grand préjudice ; mais quand
les genoux ſont couronnés, c'eſt
une marque que le cheval eſt
foible & qu'il s'abat ; il faut y
regarder de près , ſurtout aux
chevaux noirs , parce que les
maquignons les noirciſſent.

XXV. Le canon de la jambe doit être
large & plat ; la jambe en général eſt ſujette à une infinité
de défauts, ainſi il faut l'exami-

ner avec attention, furtout prendre garde aux jambes roides ou
fourbues, que les maquignons
échauffent pour les dégourdir ;
on fait entrer pour cela le cheval dans l'eau, où on lui laiſſe
bien refroidir les jambes avant
de le faire marcher.

XXVI. Le nerf ou le tendon de la
jambe, on le manie ſi l'on veut,
pour juger s'il eſt bien détaché,
libre & net.

XXVII. Les chataignes ſont des ex-
creſcences d'une eſpéce de corne
molle, que les chevaux ont aux
endroits marqués 26. ſur la
planche I.

XXVIII. Le boulet doit être menu;
c'eſt en cet endroit que le cheval ſe coupe, lorſqu'il marche
mal, qu'il eſt foible, mal bâti
ou panard, on y paſſe la main
pour voir s'il y a des cicatrices,

&

& pour connoître ſi le marchand n'y a rien fait pour les cacher.

XXIX. Au deſſus du boulet eſt le paturon ; il doit être maigre, renforcé & bien net, ſurtout aux chevaux qui ne ſont pas tout-à-fait jeunes ; il faut paſſer la main dans le pli du paturon, pour voir s'il n'y a point de crevaſſes, de poireaux, de fics ou de javarts, & au dehors examiner s'il n'y a point quelque commencement de forme.

XXX. Les fanons s'ils ſont longs & touffus, dénotent un cheval engendré par un étalon du commun ; les maquignons en arrachent les poils, pour faire paroître le cheval plus fin de ce qu'il n'eſt ; mais ſi on y regarde, on s'en apperçoit tout de ſuite, & on évite d'être groſſiérement attrapé.

M

XXXI. Les ergots, excrefcences d'une efpéce de corne que tous les chevaux ont derriere & au bas des boulets.

XXXII. La couronne borde le haut du fabot, elle doit être peu élevée.

XXXIII. Le fabot mérite d'être examiné avec attention; il doit être haut, les quartiers ronds, les talons larges, & la corne en doit être noire, unie & luifante; il faut prendre garde aux feimes, que les maquignons, avec un maftic fait exprès, bouchent fi bien qu'il n'y paroît rien.

XXXIV. La fole doit être épaiffe & concave, il faut lever le pied du cheval pour la bien examiner; car il s'y trouve quelquefois des poireaux ou fics, que les maquignons cachent fous un fer couvert.

xxxv. Le dos doit être égal & in-
fenfiblement arqué fur toute fa
longueur ; il faut toujours faire
ôter la felle au cheval que l'on
veut acheter , pour voir fon dos
à nud , qui pourroit être bleffé.

xxxvi. Les reins , il faut, ainfi que
le dos, les voir à cru.

xxxvii. Les côtes doivent être rondes , & furtout bien proportionnées à la taille du cheval.

xxxviii. Les flancs doivent être
pleins & courts ; les maquignons
font manger de l'avoine avec
du fel à leurs chevaux, avant de
les faire boire ; après qu'ils ont
bû, ils leur donnent encore du
fon , cela fait que les flancs
s'empliffent & paroiffent plus
courts. Le flanc d'un cheval pouf-
fif bat toujours irréguliérement,
& c'eft à cela qu'on s'en apperçoit ; les maquignons arrêtent la

pouſſe , mais ne peuvent point faire battre le flanc juſte , quand il eſt altéré.

xxxix. Le ventre quand il eſt avalé eſt difforme , & ſi le cheval eſt ventru , il eſt ordinairement pareſſeux.

xl. La croupe doit être ronde & bien fournie ; une croupe avalée défigure le cheval , une croupe trop étroite déſigne peu de force dans le ſujet.

xli. La queue, le tronçon en doit être épais , ferme & garni de longs crins, ſans cependant être trop touffus , elle ne doit être encore ni trop haut ni trop bas plantée , trop haut défigure le cheval, trop bas eſt une marque de reins foibles.

xlii. L'anus, il faut lever la queue du cheval pour examiner cette partie , que l'on néglige quel-

quefois trop mal à propos , &
où il peut se trouver des poireaux, des fics ou des fistules.

XLIII. Les fesses doivent être gros-
ses & charnues à proportion de la
croupe ; si elles sont trop ser-
rées , le cheval est dit *mal gi-
gotté*.

XLIV.   Le grasset *ou* grassel , est la
jointure placée au bas de la
hanche vis-à-vis des flancs , à
l'endroit où commence la cuisse.

XLV.   Les bourses & le fourreau ;
il est à propos d'examiner attentivement l'un & l'autre, car
il peut se trouver des fistules
dans ces parties , que les maquignons arrêtent & cachent avec
des teintures astringentes.

XLVI. Les jarrets doivent être larges & bien évidés ; ils sont sujets aux soulandres , aux vessi-
gons , aux varices , aux cape-

lets, aux jardons, aux courbes & aux éparvins ; quand une courbe ou un éparvin font boiter un cheval, les maquignons le font bien trotter avant de le préfenter, pour lui échauffer & dégourdir le jarret, & cela fait quelquefois qu'il ne boite plus, au moment qu'ils vous le préfentent ; mais dès que la partie fe refroidit, il reboite plus que jamais.

XLVII. La pointe du jarret, c'eft la partie poftérieure du jarret où croît le capelet, qui eft une groffeur flottante qui n'attaque que la peau & fes tiffus ; le capelet n'eft ordinairement point dangereux ; les maquignons le font difparoître quelquefois en le frottant avec de l'efprit de vin camphré & du fel.

XLVIII. Après cet examen méthodique de toutes les parties du cheval , nous avons dit qu'il faut le monter , pour connoître fa vigueur , fa docilité , fa légéreté , & voir s'il n'eſt point hargneux, rétif ou ombrageux , ou s'il ne fe couche point dans l'eau.

En fe réglant ainfi que je viens de le dire , on peut être sûr que quand on acheteroit cent mille chevaux, de ne pas fe tromper , quant aux défauts , fur un feul ; car il n'y a pas plus de difficulté à acheter un cheval, qu'à en acheter cent mille, l'un après l'autre , pourvû qu'on les examine tous méthodiquement comme il faut ; il ne faut pas non plus croire, qu'il faille beaucoup de temps & de peine pour faire un tel examen, point du tout, quand une fois on y eſt un peu routé, on peut facilement choifir vingt chevaux par heure ; je parle avec connoiſſance de cauſe , car il m'eſt arrivé plus d'une fois d'avoir examiné plus de cent chevaux dans une matinée , & d'en avoir accepté plus de cinquante (*u*) , ſans m'être trompé , quant aux défauts , ſur un ſeul ; mais encore une fois , il faut pour cela ſavoir bien ſa leçon , ou ne point s'en mêler , & j'eſpére bien , que la perſonne même la moins verſée dans la connoiſſance des chevaux , mais qui voudra ſe gêner à bien étudier les maximes que je viens de donner , pourra être un parfait connoiſſeur en moins de quinze jours , ſurtout s'il a un cheval à lui , dans ſon écurie , & qu'il joigne la théorie , à la pratique , je réponds alors de ſa réuſſite.

(u) *Je ne les avois à la vérité pas tous montés ; mais il n'y a que les chevaux de Maître , que l'on doit tous monter avant de les acheter ; des autres on ne monte que ceux que l'on doute être vicieux.*

F I N.

TRAITÉ

DE LA

MÉCHANIQUE

DU

MORS

OU

L'ART

D'EMBOUCHER

LES

CHEVAUX.

DISCOURS PRELIMINAIRE

S'Il est utile pour ménager sa bourse de se connoître en chevaux : je crois qu'il n'est pas moins nécessaire de savoir l'art de les bien emboucher.

La connoissance des chevaux fera que vous ne payerez jamais un cheval plus qu'il ne vaut, & que vous n'en acheterez jamais de défectueux ; mais l'Art de les bien emboucher, peut quelquefois vous sauver la vie, surtout pour un homme de guerre (a). Si l'on avoit une liste exacte de tous les Généraux, de tous les Officiers & de tous les Soldats qui

______
(a) Plus on est ignorant à manier un cheval, & plus il faut prendre de précautions dans la maniere de l'emboucher.

se seront perdus, faute d'avoir eu leurs chevaux bien embouchés (b) ; je crois que leur nombre nous effrayeroit : & je crois encore qu'on s'appliqueroit un peu davantage à une étude si utile, si nécessaire & si facile :

J'ai vû des Armées entieres, où il y avoit beaucoup de Cavalerie ; & en même temps j'ai vû aussi, y ayant regardé bien attentivement, qu'il n'y avoit pas cent chevaux de bien embouchés, ni parmi le nombre prodigieux d'Officiers qui commandoient cette Cavalerie, pas quatre qui sussent ce que c'ést qu'emboucher un cheval ; ce n'est pas qu'ils en convinssent, bien loin de là, il n'auroit pas fallu le leur dire, car on ne les auroit pas mal fâchés, & ils vous auroient, pour la plûpart, fait tirer l'épée, pour vous prouver qu'ils savoient très-bien ce qu'ils ignoroient parfaite-

(b) *On pourroit encore ajoûter, & faute de savoir monter à cheval, mais cela n'est pas de mon sujet pour à présent.*

ment ; il est vrai que si après cela ,
on leur eût seulement demandé le nom
des différentes parties du mors , ou de
la bouche du cheval , ils auroient été
un peu court dans leurs réponses.

Mais comme c'est un grand dommage que de braves Officiers se per-
dent quelquefois pour un rien ; souvent
pour avoir mal choisi un mors , ou bien
pour avoir donné à leurs chevaux une
gourmette ou trop rude , ou trop douce
qui aura été cause que leurs chevaux
se feront emportés ou cabrés , ou qu'ils
n'auront pas tourné assez vîte , pour
que leur Maître ait pû ou parer , ou
porter un coup d'épée à temps ; j'ai
pensé , que pour rendre service au moins
à quelques uns de ces Messieurs , je ne
pouvois mieux faire , que de donner un
petit traité sur la méthode de bien
emboucher un cheval ; je diviserai cette
matiere en trois parties.

Dans la premiere je parlerai des

différentes bouches des chevaux.

Dans la seconde, du mors & de ses parties :

Et dans la troisiéme, de l'art de savoir les assortir aux différentes bouches.

Et je promets à Messieurs les Officiers de Cavalerie (car c'est surtout pour eux que je travaille ici), de ne pas les tenir long-temps, c'est-à-dire, d'être si court, qu'ils n'auront pas le temps de s'ennuyer.

TRAITÉ

DE LA
MECHANIQUE.
DU
MORS.

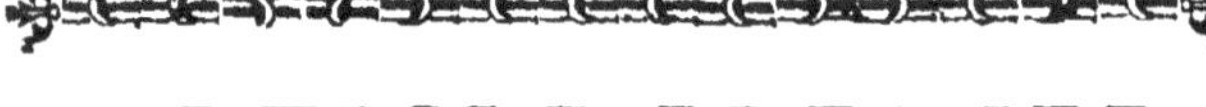

ARTICLE PREMIER.

De la Bouche du Cheval.

AVant que d'entrer dans un détail circonſtancié des différentes bouches des chevaux , & des diverſes qualités , bonnes ou mauvaiſes qui les affectent , & qui les rendent plus ou moins
parfaites , il faut du moins dire quelque choſe , en général , ſur cet organe , pour faire connoître, avant tout,
combien il eſt parfait dans cet animal ; & pour cela je ne puis mieux
faire que de tranſcrire ici mot à mot,

le paſſage de *Mr. de Buffon*, où il parle de la bouche du cheval :

„ La bouche, dit ce ſavant Natu-
„ raliſte , ne paroiſſoit pas deſtinée
„ par la nature à recevoir d'autres
„ impreſſions que celle du goût &
„ de l'appétit ; cependant elle eſt d'une
„ ſi grande ſenſibilité dans le cheval ,
„ que c'eſt à la bouche, par préfé-
„ rence à l'œil & à l'oreille, qu'on
„ s'adreſſe pour tranſmettre au che-
„ val les ſignes de la volonté ; le
„ moindre mouvement , ou la plus
„ petite preſſion du mors ſuffit pour
„ avertir & déterminer l'animal, &
„ cet organe de ſentiment n'a d'autre
„ défaut que celui de ſa perfection mê-
„ me , ſa trop grande ſenſibilité veut
„ être ménagée , car ſi on en abuſe ,
„ on gâte la bouche du cheval en la
„ rendant inſenſible à l'impreſſion du
mors (c).

(c) Buff. *Hiſt. nat. tom.* 4. *pag.* 186. *éd. in* 4°.

Sur

Sur ce que *Monsieur de Buffon*
nous dit de la bouche du cheval , on
peut juger combien il eſt eſſentiel de
la bien connoître , pour ſavoir , & l'aſ-
ſujettir , & la ménager à propos.

Pour bien examiner ce ſujet , nous
enviſagerons les bouches des chevaux ,
ſous cinq eſpéces différentes , à ſavoir :

1°. Les bouches trop ſenſibles.

2°. Les bonnes bouches.

3°. Les bouches ardentes.

4°. Les bouches fortes ou peſantes.

5°. Les bouches qui fuyent , ou
qui évitent la ſujétion du mors.

1°. La bouche trop ſenſible eſt
celle qui ne peut abſolument ſouffrir
aucun appui du mors , & cela provient toujours ou de ce que les barres ſont trop hautes & trop tranchantes , ou encore de ce que la barbe
eſt trop ſenſible.

2°. La bonne bouche eſt celle qui

N

a l'appui ferme mais léger (*d*) ; & il faut pour cela qu'elle ne soit ni trop, ni trop peu fendue ; que les barres ne soient ni trop tranchantes, ni trop charnues, ni trop hautes, ni trop basses ; que la langue ne soit pas trop épaisse, & la barbe ni trop plate ni trop sensible.

3°. J'appelle une bouche ardente, celle qui pour peu qu'on l'échauffe, s'irrite contre son mors, prend de l'ardeur, & dont le plus petit coup de main fait l'effet d'un coup d'éperon ; cette bouche est très-dangereuse, car les chevaux qui en ont de telles emportent souvent leurs Cavaliers ; des barres hautes, sans être cependant trop tranchantes, avec une langue enfoncée, & une barbe un peu plate, font les défauts qui constituent ordinairement ces sortes de

____

(d) C'est-à-dire qui ne pese point à la main ; en terme de manége on l'appelle appui à pleine main.

bouches , furtout quand le cheval eft vigoureux.

4°. La bouche forte ou pefante , eft celle qui , comme on dit , tire à la main ; ce défaut provient ou de l'épaiffeur de la langue qui porte tout l'appui du mors , ou des barres qui font trop baffes & trop charnues , ou encore des lévres trop épaiffes , qui couvrant les barres empêchent l'effet du mors ; fi avec cela la barbe eft plate & épaiffe , & la tête du cheval groffe , alors il pefera fi fort à la main , que ce fera un tourment ; & un tel cheval n'eft bon que pour la charrette.

5°. Les bouches qui fuyent , ou qui évitent la fujétion du mors , font celles de ces chevaux qui s'arment , ou en portant le menton au poitrail , ce qui s'appelle s'encapuchonner , ou bien en l'appuyant contre le gofier ; le premier inconvénient eft affecté aux che-

vaux qui ont une encolure longue,
éfilée & le col trop fouple ; le fecond aux chevaux qui ont l'encolure
renverfée, le gofier tendu & plein de
gros mufcles qui empêchent la ganache de fe loger (*e*).

ARTICLE SECOND.

*Du mors, & des différentes piéces
qui le compofent.*

LE Mors eft un affortiment de
différentes piéces de fer réunies &
correfpondantes les unes aux autres,
qui agiffent en raifon de leurs dimenfions & des figures qu'on leur fait
prendre, pour produire une force
demandée & connue, qui placé dans

(e) *Voyez école de Cavalerie tom.* **1.** *pag.* **71.**
Et Mr. de Solleyfel *pag.* **559.**

la bouche du cheval , doit fervir à l'avertir des intentions du Cavalier.

On doit parfaitement connoître toute la méchanique d'un mors , pour en pouvoir bien apprécier les effets, & pour l'affortir comme il faut aux différentes bouches des chevaux.

Voici quels font les noms des différentes parties qui le compofent ; *voyez* :

Planche III. fig. 4. 6. 14. N°.

Fig.	6. L'œil du banquet. -	1	
Fig.	6. L'arc du banquet. -	2	
Fig.	4. La broche du banquet.	3	3
Fig.	6. Le coude. - - -	4	
Fig.	6. Le fous-barbe. - -	5	
Fig.	6. Le gros de la branche.	6	
Fig.	6. Le jarret. - - - -	7	
Fig.	6. Le bas de la branche.	8	
Fig.	6. La gargouille. - -	9	
Fig.	6. Le touret. - - - -	10	
Fig.	6. L'anneau. - - - -	11	
Fig.	14. La chaînette. - -	12	

Toutes ces différentes piéces réunies, agiront comme nous avons dit
ci deffus, felon les diverfes figures &
les dimenfions qu'on leur aura données ;
ainfi un mors fera ou plus rude ou
plus doux, en raifon de ce que l'œil
du banquet fera ou plus haut ou plus
bas, plus ou moins renverfé, les
branches plus ou moins hardies, plus
longues ou plus courtes ; l'embouchure plus mince ou plus épaiffe,
entiere ou brifée ; la gourmette plus
groffe ou plus petite ; mais une feule
de ces piéces mal adaptée, produira

quelquefois des effets très-dangereux
fur la bouche du cheval , il s'emportera, il fe cabrera, il battra à la main,
il levera le nez , il s'encapuchonnera;
fi une de ces piéces, dis-je , qui compofent fon mors, n'eft pas bien affortie,
pour produire , avec les autres, le meilleur effet poffible fur fa bouche.

ARTICLE TROISIEME.

*Quelles font les règles que l'on doit
fuivre dans la diftribution des Mors.*

LOrfque l'on veut emboucher un
cheval , pour le faire comme il faut,
on doit examiner bien attentivement :

1º. Les parties extérieures de fa
bouche.

2º. Les parties internes.

3º. Les parties de fa tête , qui ont

du rapport avec la bride & la main du Cavalier.

4°. Son encolure :

5°. Si l'on veut encore, ses reins, ses jambes & ses pieds.

Les parties extérieures qu'il faut examiner , auxquelles il faut que le mors s'adapte , font la fente de la bouche, les lévres , & la barbe où appuye la gourmette ; les parties internes font les barres, les genci-ves , la langue & le palais ; celles qui ont quelque rapport avec la bride & la main du cavalier, fans cependant que le mors agiffe directement fur elles, font le volume, la figure & la conftruction de fa tête , avec l'angle de la mâchoire inférieure , en-fuite vient l'encolure, fur laquelle les branches du mors font le plus d'effet: après cela il faut encore , comme nous avons dit , faire attention à fes reins, à fes jambes, à fes pieds , pour favoir s'il faut lui donner un mors qui l'appelle fur les hanches, ou bien fi l'on doit ménager fon arriere-main, en lui facilitant l'appui du devant.

Maintenant, que l'on fe donne la peine de jetter les yeux fur la *planche III.*, & de la fuivre bien attentivement ; je tâcherai de mon côté d'expliquer le plus clairement qu'il me fera poffible, à quel ufage doivent fervir les différentes embouchures , gourmettes & branches que j'y ai fait graver.

Commençons par les embouchures. La premiere marquée A., eft celle que l'on donne aux jeunes chevaux, & à ceux qui ont de bonnes bouches; c'eft un fimple canon brifé, la plus douce de toutes les embouchures , que l'on puiffe donner à un cheval; fon épaiffeur doit fe régler fur la fente plus ou moins grande de fa bouche, & fur la nature de fes barres plus ou moins tranchantes : ainſi, à un cheval qui a la bouche beaucoup fendue & des barres tranchantes, il lui faut une groſſe embouchure, & à un autre qui aura la bouche peu fendue & des barres charnues, il faut une embouchure plus petite :

1°. Parce qu'une trop groſſe embouchure lui feroit froncer la lévre.

2°. Plus le canon de l'embouchure ſera petit, plus il fera d'effet ſur la barre & retiendra davantage le cheval ; & ce que nous diſons ici, doit s'entendre de toutes ſortes d'embouchures.

L'embouchure marqueée B. eſt une gorge de pigeon briſée ; on donne cette embouchure à un cheval qui, quoiqu'il ait une bonne bouche, a une langue un peu trop épaiſſe, qui empêche l'effet du mors ſur les barres : ainſi en donnant de la liberté à la langue on évite cet inconvénient. Cette embouchure eſt encore excellente pour un cheval qui a les barres un peu trop hautes & ſenſibles, car il partage ſon appui entre la barre & la gencive, ce qui eſt d'un excellent effet.

La troiſiéme embouchure C. eſt une autre gorge de pigeon, mais toute d'une piéce, & pour cela plus rude que les deux que nous venons de voir ; ainſi, on donne cette embouchure à un cheval qui a déjà la bouche faite, & on diminue ou l'on augmente la groſſeur du canon près des fonceaux, ſelon que l'on veut rendre le mors, un peu plus rude ou un peu plus doux. Cette embouchure eſt propre, ſurtout, pour les chevaux qui ont les barres un peu baſſes, le gros du canon ira les chercher, il n'y a qu'à avoir attention de le faire tenir un peu ſur la ligne près des fonceaux ; il écartera auſſi un peu des lévres trop épaiſſes, qui arment fouvent la bouche d'un cheval; elle eft de bon ufage encore pour les chevaux qui ont la langue ferpentine, c'eft-à-dire, qui ont la coutume de la paffer fur le mors.

La quatriéme embouchure marquée D. eft un canon à trompe, on l'appelle auffi embouchure à canne; elle eft un peu plus douce que la gorge de pigeon d'une piéce, elle ne cherche pas tant les barres; & felon l'élevation plus ou moins grande qu'on donnera à la liberté de la langue, elle partagera fon effet, ou entre la barre & la gencive, ou entre la langue & la barre. Cette embouchure fera très-bonne pour un cheval qui aura déjà la bouche un peu faite, un appui médiocre & la langue pas trop épaiffe. Le jouet que l'on voit, eft propre pour toutes fortes d'embouchures, il rafraichît la bouche du cheval.

La cinquiéme embouchure marquée E., est une embouchure à canne ronde ; on ne s'en sert guere que pour les chevaux de carrosse ; on pousse la liberté de la langue plus ou moins en avant, selon que le cheval a la langue plus ou moins épaisse, ou bien, que l'on veut faire agir le mors davantage sur les gencives, sur les barres ou sur la langue :

Voilà cinq embouchures plus que suffisantes pour emboucher toutes sortes de bouches qu'on puisse rencontrer : ainsi, nous en passerons sous silence une infinité d'autres, telles que les escaches, les miroirs, les pas d'âne, les pignatelles, les tambours, les olives &c. qui ne sont qu'un vrai charlatanisme des éperonniers ou des Ecuyers mal habiles.

Passons aux branches ; elles tiennent à l'embouchure par les fonceaux, & leur action jusqu'à un certain point, eſt la même que celle du levier (*f*).

La branche ſert à éveiller plus ou moins de ſentiment dans la bouche du cheval, en faiſant agir l'embouchure avec plus ou moins de force, & elle agit encore en même raiſon ſur la gourmette; après cela ſon principal effet eſt de ramener, relever & placer comme il faut, l'encolure & la tête du cheval.

Une branche eſt plus ou moins

(f) *Dans un ouvrage intitulé* Inſtructions pour la Cavalerie, *il eſt dit à l'article des branches:* Les branches agiſſent par l'effet du levier, & par conſéquent, plus elles ſont longues, plus elles aſſujettiſſent le cheval.

Mais l'Auteur a avancé cela, il me ſemble, un peu légérement;

Il n'a pas pris garde:

1°. *Que dès que les branches ſont trop longues, elles s'appuyent facilement contre le poitrail, & alors elles n'ont plus d'effet.*

2°. *Comme la main du Cavalier n'agit pas bien uniment, avec une force égale & conſtante, comme feroit une puiſſance placée au bout d'un levier, mais par petites ſecouſſes (les mains les plus excellentes, encore: car pour les autres ce ne ſont que des coups très-rudes) : ainſi plus la branche ſera longue, moins le cheval ſentira les coups qui viennent de plus loin, & plus elle ſera courte, plus les coups ſeront redoublés & rudes, ſurtout dans les arrêts.*

Tel eſt auſſi le ſentiment de Mrs. de Solleyſel & de la Guériniere, comme on peut le voir dans leurs ouvrages.

forte, en raison de ce qu'elle s'écarte plus ou moins de son à plomb : voyez *la figure* 4. , cette branche a son tourret perpendiculaire à la ligne du banquet, que vous voyez ponctuée : ainsi, à mesure que vous pousserez le bout de cette branche en avant, vers *a.*, elle sera plus hardie & ramenera davantage ; & si au contraire, vous la repliez vers *b.* , elle sera plus flasque & de moindre effet.

Disons maintenant quelque chose de chaque branche en particulier ; je prie d'un peu d'attention, afin que l'on puisse bien comprendre toute la méchanique de ces différentes branches & les effets qui doivent en résulter.

La figure premiere est un mors à canon brisé avec des branches droites ou à pistolet, qu'on appelle aussi buades ou branches à la calabraise.

La figure feconde repréfente une de ces branches vûe de côté, elle a fept pouces, deux lignes de longueur, depuis le haut de l'œil du banquet, jufqu'au bas (*g*) : cette branche fervira à ramener, & même à relever la tête d'un jeune cheval, felon qu'on faura ménager la gourmette ; mais furtout elle eft excellente, pour commencer à donner de l'appui, & à accoutumer un jeune cheval à goûter fon mors ; on peut fe fervir de cette branche indifféremment, pour les quatre embouchures marquées A. B. C. D.

(g) *Pour bien régler un mors, il faut mefurer toutes fes parties l'une après l'autre : j'ai mis ici, à cet effet, une échelle, afin qu'on ne puiffe s'y tromper, par exemple, cette branche à piftolet dont il eft ici queftion, fi l'on veut la mefurer comme il faut. il faut la divifer en quatre parties.*

La premiere depuis le haut de l'œil du banquet 1. jufqu'au deffus de l'arc du banquet 2., la feconde l'arc du banquet depuis 2 jufqu'à 3., la troifiéme depuis le bas de l'arc du banquet 3. jufqu'au bas de la branche 4. & la quatriéme le tourret 5. : fi c'étoit une branche à jarret, il y auroit une partie de plus à mefurer, & ainfi de toutes les autres parties du mors.

La

La figure troisiéme eſt une branche à la Connétable ; celle-ci eſt encore plus douce que l'autre, attendu
qu'elle a ſon touret tout-à-fait rejetté
en arriere, ce qui la rend un peu flaſ-
que, de ſorte qu'on ſe ſert de cette
branche, pour adoucir toute eſpéce
d'embouchures.

Figure quatriéme, cette branche
eſt à peu près la même que celle
que vous voyez figure 6., mais beaucoup plus douce, puiſqu'elle a l'œil
du mors renverſé en arriere, & ſon
touret perpendiculaire à la ligne du
banquet ; ainſi elle ſervira pour tout
cheval qui aura une bonne bouche,
& la tête naturellement bien placée.

La figure cinquiéme eſt une branche à S., & la même qui eſt aux gor-
ges de pigeons, mais vûe de côté. Elle
ſervira pour un cheval qui porte ordinairement beau, mais qui s'oubliant
quelquefois, laiſſe baiſſer ſa tête ; cette

O

branche le remettra en belle poſture, pour peu qu'on le demande du gras de la jambe, & cela ſera l'effet du faux jarret, que vous voyez en c., qui eſt hardi d'environ dix lignes, tandis que ſon touret ne l'eſt que d'environ trois.

La figure ſixiéme eſt une branche à la françoiſe, avec un demi coude, ſous barbe & bas jarret. Cette branche relevera bien la tête d'un cheval qui portera bas, ſans cependant s'armer ; ſon plus grand effet eſt du jarret au touret, parce que cette branche étant hardie d'un bon pouce au jarret, & de deux lignes ſeulement au touret, toutes les fois que le Cavalier tire à ſoi le bout de la branche, le jarret reculant, pouſſe le gros de la branche en haut, & par l'effet du coude, oblige le cheval à relever ſa tête ; il n'eſt pas mal de tenir pour cette branche, l'œil du banquet quelques lignes plus haut que d'ordinaire , alors elle fera d'un plus grand effet.

La figure feptiéme eft une branche à S. avec coude & fous barbe , elle eft hardie au bas de deux pouces , & fon œil du banquet a deux pouces, 'huit lignes de hauteur. Cette branche eft faite pour ramener la tête d'un cheval qui porte au vent , mais il faut favoir y adapter une em-bouchure qui foit bien affortie à fa bouche : voyez ci-devant où nous avons parlé des embouchures.

La figure huitiéme eft une branche à genoux , qui n'a pour toute fa lon-gueur que fix pouces , trois lignes, mais dont l'œil du banquet eft ce-pendant un peu haut.

Cette branche eft la meilleure qu'on ait pû imaginer jufqu'à préfent, pour relever un cheval qui s'encapuchonne ; je m'en fuis fervi moi-même , quel-quefois avec fuccès.

Pour les chevaux qui s'arment du gofier, je crois qu'il n'y a guere de mors qui puiffe corriger ce défaut ; cependant, je ne fai fi c'eft *M. de Labrouve* ou bien quelqu'autre Ecuyer, qui propofe de placer une boule garnie de pointes de fer fous la ganache, que l'on enfile dans le fous-gorge.

La figure neuviéme eft une branche à demi S. avec uu faux jarret ; fi l'on ajufte cette branche à une gorge de pigeon d'une piéce, telle que celle en C. ; ce mors tout enfemble, fera excellent pour un cheval qui aura une bonne bouche, la langue un peu groffette, l'appui à pleine main & qui portera naturellement beau ; comme cette branche eft hardie d'un demi pouce au jarret, & que fon touret eft prefque fur la ligne, elle ne ramenera pas trop une tête déjà en belle pofture, mais la relevera un peu, en cas qu'elle s'oublie.

Ce mors, encore une fois, fera excellent & préférable à tous les autres, pour les chevaux qui auront déjà la bouche un peu faite ; s'entend, que l'on ait toujours foin d'arranger l'embouchure à la nature de la bouche du cheval auquel on le deftine.

Les figures 10. 11. 12. 13. font quatre branches différentes, & fur ce que nous venons de dire on doit juger de leur effet, fans qu'il foit befoin de le répéter. Ces branches font celles dont on doit fe fervir pour les chevaux de troupe, & les deux dernieres, 12. & 13., font auffi celles qu'il faut pour des chevaux de carroffe.

Voyons à préfent quels font les effets que doivent produire les gourmettes, car fans la gourmette, un mors feroit prefque d'aucun effet, ce feroit vouloir fe fervir d'un levier fans avoir un point d'appui ferme, ainſi l'embouchure ne pourroit, fans le fecond point d'appui de la gourmette, produire aucun effet fenſible fur les barres ; outre cela, la gourmette agit encore pour ſa part, ſur la partie de la barbe où elle eſt appliquée.

„ La gourmette, dit *Mr. de Bour-*
„ *gelat*, eſt une partie d'autant plus
„ eſſentielle dans une embouchure,
„ que la perfection de l'appui, dépend
„ de la juſteſſe de ſes proportions &
„ de ſes effets (*g*). „

Je ne ſuivrai point ce ſavant Auteur dans le détail qu'il nous a fait de cette partie du mors, car ſon ſeul article *gourmette*, eſt plus long que tout mon ouvrage : ainſi. ceux qui voudront s'inſtruire à fond ſur cette matiere pourront y recourir ; pour moi comme j'ai promis d'être auſſi court

(g) *Voyez Enciclopédie au mot* gourmette *, cet artic. eſt de* Mr. de Bourg.

qu'il me fera poffible, je ne dirai fur cette partie du mors, ainfi que j'ai fait des autres, que ce qu'il eft le plus effentiel de favoir.

La gourmette appliquée fur la barbe du cheval, agit avec plus ou moins de force fur cette partie.

1°. En raifon de ce que l'œil du banquet eft plus haut ou plus bas, droit ou renverfé.

2°. En ce que les mailles qui la compofent, font plus groffes ou plus petites.

3°. En raifon de ce qu'on raccourcira ou qu'on allongera la gourmette, de façon à la faire ferrer plus ou moins contre la barbe du cheval ;

Il s'enfuit de ceci.

1°. Que plus l'œil du banquet fera haut, & plus la gourmette agira avec force fur la barbe, & plus l'œil du banquet fera bas & renverfé en arriere, comme dans la figure 4., moins la gourmette aura d'effet.

2°. Les groffes gourmettes , étant plus douces que celles à mailles fines , fe feront fentir moins que ces der-nieres.

3°. Si on laiffe la gourmette un peu lâche, on foulagera davantage la bouche du cheval, que fi elle ferroit plus exactement.

Les parties qui compofent la gour-mette font :

1°. L'S. qui tient à l'œil droit du banquet.

2°. Trois maillons , un du côté de l'S. , les deux autres du côté du crochet.

3°. Cinq mailles dont celle du mi-lieu eft toujours la plus groffe.

4°. Le crochet qui eft féparé de la gourmette & qui tient à l'œil gau-che du mors : *vozez les fig.* 18. & 20.

Il y a deux fortes de crochets, un fimple & l'autre à reffort. Pour les

chevaux qui battent à la main, &
qui font fouvent fortir la gourmette de
fa place, il eft bon de fe fervir d'un
crochet à reffort, tel que vous le
voyez *fig.* 21.

Après avoir détaillé les parties du
mors, il ne nous refte plus qu'à dire,
comment il doit être placé dans la
bouche du cheval, & c'eft par là que
nous finirons ce petit traité.

Un mors, de quelque efpéce qu'il
foit, doit être placé dans la bouche
du cheval, de façon que l'embouchure appuye toujours, au moins, à
un demi pouce au deffus du crochet,
pour les bouches les moins fendues,
& non au-delà d'un pouce pour celles qui ont une grande ouverture,
car fi on le place trop haut, il fera
froncer la lévre, & rifquera encore
d'offenfer l'os de la barre, qui eft
toujours plus tranchant à mefure qu'il
s'étend vers les machelieres, fi on

le place trop bas , il battra contre le crochet & fera porter mal la gourmette.

L'embouchure bien aſſiſe , ainſi que nous venons de le dire , on ajuſte la gourmette. „ La longueur de cette „ chaîne (nous dit encore *Mr. de* „ *Bourg*) doit ſe rapporter aux pro- „ portions de la barbe , & des por- „ tions inférieures de la bouche (*h*). „

C'eſt-à-dire qu'elle ne ſoit ni trop longue ni trop courte ; trop longue , les branches du mors portant trop en arriere feroient la baſcule ; trop courte , le mors s'appeſantiroit trop ſur les barres , & la gourmette bleſ-ſeroit la barbe du cheval ; ainſi pour qu'une gourmette ſoit bien placée , elle doit :

1°. Porter juſte au deſſous de l'os de la barbe.

2°. Elle doit être poſée ſur ſon plat.

(h) *Enciclop. art.* gourmette.

3°. Les crochets qui la tiennent aux yeux du mors, doivent être légérement coudés, pour prendre le tour de la lévre & defcendre jufques fur l'arc du banquet (*i*).

Dès que le mors fera ainfi bien placé, on fera agir les branches en avant & en arriere, pour voir fi tout eft bien en règle, ou fi quelquefois, par exemple, en reculant les branches du mors, la gourmette ne remonte point; fi l'embouchure ne preffe pas trop la langue, & fi la liberté ne touche point au palais.

Enfin avec un peu d'application, & une étude de huit jours, au plus, on parviendra facilement à connoître

(*i*) *Les Eperonniers qui ne font fouvent que de fimples manœuvres ignorans, quand ils ont à emboucher un cheval de quelqu'un qui ne s'y entend pas, apportent avec eux plufieurs crochets, enfuite en ajuftent de plus longs ou de plus courts, jufqu'à ce que la gourmette va à peu près dans fa place; fouvent c'eft un cheval qui a la bouche ou trop ou trop peu fendue, de façon qu'il faudroit, pour le bien emboucher, élever ou baiffer l'œil du banquet; mais comme ils n'y connoiffent rien, c'eft un pur hazard fi le cheval eft bien embouché.*

toute la théorie , ainſi que la méchanique de cet art ſi utile & ſi néceſſaire , pour toutes les perſonnes qui par leur état ſont obligées d'être ſouvant à cheval.

F I N.

OBSERVATIONS

NECESSAIRES

Sur les préjugés, les abus & l'ignorance de la Maréchalerie.

IL ne faut pas finir ce petit Ouvrage, fans dire deux mots fur les préjugés & les abus de la Maréchalerie, ainfi que fur l'ignorance de la plûpart des Maréchaux Ferrans.

Mr. de Lafoffe Maréchal des petites écuries du Roi, à qui nous devons l'excellent ouvrage du *Guide du Maréchal*, a fait un chapitre à part, des erreurs de la Maréchalerie ; „ Elles font, dit-il, tellement multi- „ pliées, qu'un volume entier fuffi-

„ roit à peine pour en faire l'énu-
„ mération.

„ Ces erreurs ont été enfantées
„ par l'ignorance, & c'eſt par l'igno-
„ rance qu'elles ont été perpétuées (a).

Préjugés.

Pour commencer par les préjugés,
par exemple, n'en eſt-ce pas un des
plus impertinens, que de croire que la
Lune a quelque influence ſur les parties du corps du cheval ? cependant
on lit dans le *grand Maréchal François pag.* 6. „ Quand la Lune ſera
„ au ſigne d'*Aquarius*, ne le ſaignez
„ point des jambes de derriere :
„ Quand elle ſera au ſigne de
„ *Piſces* , ne le ſaignez point des
„ pinces.
„ Quand au ſigne de *Taurus*, ne le

(a) *Guide du Maréch. pag.* 69. *éd, in* 4°.

„ faignez point du col : & ainfi de
„ toutes les autres parties du che-
„ val, car la Lune a une influence
„ générale fur toutes. „

Nous mettrons encore dans la
même claffe les paroles magiques
avec lefquelles l'on a prétendu guérir les avives, les tranchées & autres maladies des chevaux, ainfi que
le clou entortillé avec du crin, &
jetté au feu pour guérir l'encloüure ;
& autres pareilles fotifes.

Abus.

J'entends par ce mot *abus*, le
mauvais ufage que la plûpart des
Maréchaux font de leur mince favoir vis-à-vis de leurs pratiques, qui
n'ont aucune connoiffance de l'Art
Vétérinaire, par exemple, les faignées faites hors de propos & fans
néceffité aux temples, à la langue,

à la qneue, au plat des cuiffes &c.,
les purgations très-inutiles du printemps, quand le cheval fe porte
bien (*b*).

L'abus de couper les barbes ou
barbillons, le coup de corne au palais, pour remédier au dégoût du
cheval (*c*), enfin cent autres char-
lataneries des Maréchaux pour attraper l'argent des dupes.

(*b*) *Saigner dans le mois de Mai, fans néceffité, des chevaux qui fe portent bien, c'eft un abus : il faut faigner dans tous les temps, lorfque le cas l'exige, & ne jamais faigner fans néceffité dans un temps plûtôt que dans un autre. Guid. du Maréch. pag.* 76.

(*c*) *On voit encore couper par un autre abus, un prolongement de gencives naturel, & affez ordinaire aux jeunes chevaux, qu'on appelle* lampas, féves, barbes ou barbillons, *cet abus vient du peu de connoiffance des parties du cheval, de leurs différens progrès & état.*

Il n'eft rien de plus ordinaire, que de voir percer le palais avec une corne de Chamois bien pointue, pour déchirer les tégumens du palais dans l'intention de remédier au dégoût : comme fi la caufe du dégoût étoit dans le palais. Dans cette opération on déchire fouvent l'artere palatine, & on caufe une hémoragie que l'on a fouvent bien de la peine d'arrêter. De Lafoffe *Guide du Maréch. pag.* 74.

L'igno-

L'*ignorance.*

L'ignorance eſt un défaut de connoiſſance, un manque de ſavoir, &
le partage de la plûpart de nos maréchaux ferrans : en vérité je ne com-
prends point comment on peut permettre dans une Ville bien policée, qu'un
maréchal ſoit maître, & tienne bouti-
que ſans ſavoir lire, ni écrire, & ſans
avoir la moindre connoiſſance des
parties internes du cheval (*d*).

La plûpart de nos maréchaux,
dit très-bien *Mr. de Lafoſſe*, per-
ſonnages ſans étude, ſans connoiſſance, ſans teinture même de leur

(*d*) *L'Ecole Vétérinaire d'abord établie dans la Ville de
Lyon, ſous la direction de* Mr. *de Bourgelat, & préſentement la formation d'une autre Ecole ſemblable auprès de
Paris, outre les grands avantages qu'elles apporteront au
Royaume, & avec le temps à toute l'Europe, elles ſeront
encore des témoignages éternels de la bienfaiſance du Miniſtre qui les protége, & ſous lequel elles ſe ſont établies;
ainſi que du génie ſupérieur de celui qui le premier les a
projettées*

P

profession , bien loin de chercher des lumieres dans l'Hippotomie , & de fouiller dans les entrailles du cheval pour en examiner l'économie , & fonder leur pratique sur une saine théorie , ne s'avisent pas même de raisonner ; ces bonnes gens croyent aveuglément à tous les secrets qu'ils trouvent écrits dans les livres , les mettent en pratique tant qu'ils peuvent , & n'ont d'autre règle de conduite que ce qu'ils ont appris de leurs peres , ou des maîtres sous lesquels ils ont fait leur apprentissage : voilà pour quoi ils disent & font tant de sottises.

N'est-ce pas par une ignorance des plus crasses , que la plûpart des maréchaux enlevent encore aujourd'hui les glandes lymphatiques aux chevaux morveux ; tandis que *Mrs. de Lafosse Pere & Fils* ont si bien

démontré que le fiége de la morve
ne fe trouve point ailleurs que dans
la membrane pituitaire ; c'eft-à-dire
dans cette membrane liffe qui ta-
piffe fans interruption toute l'étendue
interne du nez (e) ?

(e) *Soutenir que la morve a fon fiége dans les poumons,
c'eft une opinion en quelque façon pardonnable* :
1°. *Parce qu'il y a une communication du poumon avec
le nez.*
2°. *Parce qu'il fe fait quelquefois ré·ll·ment par le nez
un écoulement qui vient du poumon, c'eft dans une maladie
que j'appelle pulmonie.*
3°. *Parce que l'écoulement qui vient du poumon reffemble
affez à celui qui vient de la membrane pituitaire.*
4°. *Parce que la morve eft fouvent compliquée avec la
pulmonie, ou ce qui eft la même chofe, l'écoulement qui
vient de la membrane pituitaire, eft fouvent compliqué avec
l'écoulement qui vient du poumon.*
*Mais foutenir que la morve eft dans les reins, dans la
rate, dans le foie ou dans le cerveau, c'eft pécher contre
les premieres connoiffances de l'Hippotomie ; c'eft ignorer
qu'il n'y a point de communication de ces parties avec le
nez. & qu'il eft par conféquent impoffible qu'il fe faffe par
le nez un écoulement qui vienne de ces parties ; c'eft pécher
par une ignorance groffiere contre les obligations de fon
état. Guid. du Maréch. pag. 128. 129.*
*Au fujet de cette maladie, je ne dois point paffer fous fi-
lence un paffage qui fe trouve dans les* Elémens d'Hip-
piatrique de Mr. de Bourgelat, *où ce favant Auteur, en
parlant de la morve, nous fait fentir que quoique le véri-
table fiége de cette maladie foit dans la membrane pituitaire,
cependant fon premier principe eft dans le fang.*
„ *On ne doit en chercher la fource (nous dit-il) que*
„ *dans la difcraffe ou dans la corruption du fang & des*

La même ignorance ne leur fait-elle pas aussi , quelquefois arracher les avives ou glandes parotides pour remédier aux tranchées (*f*) ?

Il est bon d'avertir ici, que les remédes que *Mr. de Solleysel* nous donne pour remédier aux avives, ne valent guere mieux (*g*).

Est-ce encore savoir son métier que d'énerver un cheval , pour le guérir de la fluxion qu'ils appellent lunatique , ou pour diminuer la grosseur de sa tête (*h*) ? couper & en-

„ *humeurs : ainsi la méthode curative de cette maladie ,*
„ *outre les remédes topiques directement applicables à la*
„ *partie affectée , demande encore des remédes intérieurs qui*
„ *aillent chercher la cause principalede cette maladie , &*
„ *qui remédient à la mauvaise qualité du sang. Voyez Elem.*
„ *d'Hippiatriq. tom. 2. 2e. partie pag. 280. édit, in 8°. de*
„ *Lyon 1753. „*

(*f*) *Il arrive souvent qu'on ouvre les avives dans les tranchées , dans l'intention d'y remédier ; qu'on coupe le canal salivaire qui part de ces glandes, pour porter la salive dans la bouche , alors la salive sort en dehors par l'ouverture de ce canal coupé ,au lieu de pénétrer dans la bouche, & le cheval dépérit insensiblement . Il n'y a point de reméde.* Guid. du Maréch. pag. 236.

(g) *Voyez* Solleysel *pag.* 100. *édit. in* 4°. 1754.

(*h*) *Comment* **Mr. de Garsault** *a-t-il pû avancer que*

fuite arracher les deux mufcles avec
le tendon releveur, n'eft-ce pas, très-
mal à propos, priver le cheval d'un
organe qui lui eft néceffaire pour
mouvoir la lévre fupérieure?

„ L'infpection de ce mufcle, dit
„ *Mr. de Bourgelat*, ainfi que celle
„ de fon attache fixe, doit nous
„ prouver jufques où s'étend le gé-
„ nie & les lumieres de ceux qui
„ prétendent par cette amputation,
„ remédier à l'imperfection de la
„ vûe, ou diminuer la groffeur de
„ la tête de l'animal (*i*). „
Barrer les veines d'un cheval pour
en arrêter les humeurs, le plus fouvent c'eft une opération très-inutile.

„ Elle feroit bonne fi l'humeur qui
„ incommode la partie, n'y commu-

*cette opération eft faite pour corriger le défaut d'un cheval
qui a le bout du nez trop gros ? elle le lui rend, dit-il,
plus fin & plus agréable à voir. Voyez le nouveau Parfait
Maréch. chap. 41. pag. 407. édit. de Paris in 4º. 1746.*

(*i*) *Voyez* **Mr.** de Bourg. *Elem. d'Hippiatr. chap.* II.
pag. 204. *édit. de Lyon* 1751.

„ niquoit que par cette branche de
„ veine que l'on barre; mais c'eſt ce
„ qu'on ne ſauroit admettre, lorſqu'on
„ ſait l'anatomie & le cours du ſang,
„ puiſqu'elle s'y rend par une infinité
„ de rameaux (*k*).

„ Le barrement de veine , dit *le*
„ *même Auteur de l'article cité* , eſt
„ très-bon pour ôter la difformité des
„ varices , car comme celles-ci ne
„ ſont occaſionnées que par le gon-
„ flement de la veine qui paſſe par
„ le jarret, on empêche le ſang d'y
„ couler, au moyen de quoi la va-
„ rice s'applanit & ne paroît plus. (*l*)„

Ainſi un habile Maréchal ne fera
guere cette opération que dans le
cas des varices.

Barrer les larmiers pour ſoulager
la vûe d'un cheval, c'eſt riſquer de

(*k*) Encyclop. *Artic. Barrer les veines d'un cheval*
tom. II. pag. 94. édit. de Paris in fol. 1751.
(*l*) Ibid. *même page.*

faire beaucoup de mal , fans efpérance de faire du bien ; car l'inflammation que cette opération caufe , peut quelquefois lui faire perdre entiérement la vûe.

Voici encore un paffage de *Mr. de Lafoffe* fur l'article du barrement de veine , qu'il eft bon de ne pas laiffer en arriere.

„ On barre encore , dit-il , aujour-
„ d'hui ponr chef-d'œuvre la veine en
„ haut & en bas : comme fi la liga-
„ ture fupérieure étoit de quelque
„ utilité ; fans faire attention que la
„ ligature de la veine arrête la cir-
„ culation du fang , que le fang ar-
„ rêté , la férofité fe fépare de la
„ partie rouge , tranfude à travers
„ les tuniques de la veine , fe dé-
„ pofe dans les tiffus cellulaires , &
„ forme l'œdéme ou l'engorgement
„ de la jambe (*m*). „

(*m*) *Guid. du Maréch.*

Le même Auteur se plaint encore, dans son chapitre cité ci-dessus, de l'ignorance de là plûpart des maréchaux, qui n'osent point, sur la défense que leur en fait *Mr. de Solleysel*, saigner les chevaux lorsqu'ils sont attaqués de la fluxion qu'ils appellent lunatique, *cependant les saignées, dit-il, sont le reméde le plus efficace dans cette maladie* (*n*).

Il ne désaprouve pas moins leur façon barbare de s'y prendre pour guérir les écarts, soit qu'ils fassent nager le cheval à sec (*o*), ou qu'ils lui tourmentent l'épaule de quelqu'autre façon pour la meurtrir, & en détacher plus facilement la peau, afin d'introduire ensuite très-inutilement, un seton chargé de basilicum pour détacher les humeurs, qu'ils préten-

(*n*) Guid. du Maréch. pag. 74.
(*o*) *On dit nager à sec, quand on lie la jambe saine du cheval, & qu'on l'oblige de marcher sur l'autre : manœuvre la plus détestable dont on puisse s'aviser.*

dent être la caufe de cette maladie.

„ Comme fi la maladie , dit *Mr.*
„ *de Lafoffe* , étoit dans la peau (*p*). „
Il nous dit auffi que les écarts font
plus rares qu'on ne penfe. „ On place
„ fouvent dans l'épaule , le mal qui a
„ fon fiége dans le pied ; & quand
„ il fe fait un écart ce font les muf-
„ cles du bras qui font affectés , &
„ non ceux de l'épaule (*q*).

Il fe mocque encore de ces maréchaux qui , pour empêcher la fourbure de defcendre dans le fabot, lient
bien fort avec un ruban ou autre chofe ,
les jambes du cheval : „ comme fi la
„ fourbure , dit-il , étoit un animal
„ qui court dans le corps du cheval ,
„ ou une humeur hors des routes de
„ la circulation , à qui il faut couper
„ chemin : quelle abfurdité ! la liga-

(*p*) On voit quelquefois des *Maréchaux*, qui , pour guérir des écarts & des efforts , font des incifions fur la peau ,
comme fi le mal étoit dans la peau. *Guide du Maréch.* p. 76.
(*q*) Ibid. *pag.* 75.

„ ture forte n'a d'autre effet que de
„ favorifer l'enflure , & fouvent la
„ gangrene en empêchant la circula-
„ tion du fang & de la lymphe (r).

Il tient auffi pour très-dangereux
l'ufage de fufpendre un cheval qui a
de la peine à fe foutenir fur fes jambes.

„ Qu'arrive-t-il ? dit *notre Auteur* ,
„ le cheval s'abandonne fur fa fufpen-
„ te , les vifceres font comprimées ,
„ la circulation du fang eft gênée ,
„ & il y a grand danger de gangrene
„ & de fuffocation (f). „
Voici une autre marque du profond
favoir de nos maréchaux.

A peine un cheval eft-il un peu dé-
goûté , ou malade qu'ils lui graiffent
bien la ganache & les avives avec
différentes fortes d'onguens , enfuite
ils lui mettent de l'huile d'olive ou d'a-

(r) Ibid. *plus bas.*
(f) Ibid. *plus bas.*

mandes douces dans les oreilles ; cela ne fert le plus fouvent qu'à dégoûter davantage le cheval, & à lui faire perdre entiérement le manger ; „ pour „ l'huile qu'ils jettent dans les oreilles, „ ils ne manqueroient pas de l'épar„ gner, s'ils favoient qu'il ne peut „ paffer de l'oreille externe dans l'in„ terne, puifqu'elles font féparées par „ une membrane appellée membrane „ du tympan, on verroit que cela eft „ tout au moins inutile : je dis au „ moins inutile, parce que ces dro„ gues peuvent fort bien relâcher la „ membrane du tympan, déranger „ l'organe de l'ouïe & rendre le che„ val fourd (*t*).

Une autre ignorance plus pernicieufe encore, & qui caufe la perte d'une quantité de chevaux, furtout dans les Régimens de Cavalerie au temps des remontes ; c'eft la détefta-

(*t*) Ibid. *pag.* 77.

ble façon de s'y prendre des maréchaux des Régimens, pour traiter la
maladie appellée la *gourme*; d'abord
la plûpart d'entr'eux ne prennent pas
feulement la précaution de féparer
les chevaux gourmeux, des autres chevaux, car ils ne fe doutent pas même
que cette maladie foit contagieufe (*u*) :

*Elle l'eft cependant, non-feulement de
poulains à poulains, mais de poulains à
vieux chevaux ; & dans ces derniers
elle fe change fouvent en pulmonie.*

Le traitement répond-t-il auffi à
leur intelligence ? au lieu de retran-
cher le foin & l'avoine au cheval
malade, de le mettre au fon & à
l'eau blanche, & enfuite le faigner
pour prévenir les accidens de l'inflammation & favorifer l'écoulement

(*u*) *Un cheval gourmeux doit abfolument être féparé de
tous les autres, car fi le cheval qui l'approche vient à lé-
cher de cette mucofité de gourme, il peut très-bien gagner la
morve. Si l'on obferve dans les Régimens de Cavalerie,
l'on verra qu'après les remontes il y a toujours quelques
chevaux morveux, plus ou moins, felon l'attentioa que les
Maréchaux auront eue de féparer les vieux chevaux, des
poulains qui jettent.*

de l'humeur de la gourme ; eux que font-ils ? tout le contraire , ils doublent l'avoine au cheval malade, lui font manger de la graine de geniévre , & j'en ai vû même d'affez bêtes pour fe fervir de cordiaux pour l'échauffer davantage , & en même temps ils s'interdifent les faignées , pour ne point arrêter, difent-ils , l'écoulement des mauvaifes humeurs ; qu'arrive-t-il ? au lieu de prévenir l'inflammation ils la favorifent , elle gagne le larynx , gêne la refpiration & le cheval en eft fouvent étouffé ; ou bien l'humeur de la gourme forme un dépôt, fe fixe au poumon & produit la pulmonie : voilà pourquoi tant de jeunes chevaux périffent entre leurs mains.

Voici, pour mieux autorifer ce que je viens d'avancer, comment *Mr. de Lafoffe* nous dit qu'il faut traiter cette maladie.

„ Dès qu'on s'apperçoit que la ga-
„ nache eft pleine, ce qu'on appelle

„ ganache chargée , il faut mettre
„ le cheval à l'eau blanche , lui re-
„ trancher le foin & l'avoine ; en-
„ suite le but qu'on doit se proposer
„ est de favoriser l'écoulement de
„ l'humeur de la gourme , pour cela
„ il faut d'abord saigner une , ou deux
„ fois, pour prévenir les accidens de
„ l'inflammation (x).

Une autre mauvaise méthode de nos maréchaux à laquelle on ne fait pas assez d'attention , qui fait cependant périr aussi un très-grand nombre de chevaux, est celle, quand ils les ferrent, de leur appliquer le fer tout chaud sur la sole ; on ne sauroit croire combien de chevaux ils estropient ; combien n'en ai-je pas vû réformer moi-même en ma vie, soit dans les Régimens de Cavalerie , soit dans des écuries particulieres, qu'on disoit être fourbus & boiter de l'é-paule , & dont tout le mal étoit dans

____

(x) *Voyez la suite du traitement. Guid. du Mar. p.* 120.

le pied. „ A force d'appliquer le fer
„ chaud fur la premiere fole, nous
„ dit encore *Mr. de Lafoffe*, on def-
„ féche le pied, on brule la feconde
„ fole appellée la fole charnue, les
„ vaiffeaux lymphatiques fe refferrent,
„ & ne fourniffent plus de nourritu-
„ re, & le cheval en eft eftropié
„ pour toujours (*y*).

Préfentement fur ce petit expofé de
l'ignorance de la plûpart de nos Maréchaux ferrans, on peut juger de
quelle néceffité il eft d'avoir d'habiles
Médecins de chevaux, qui aient étudié à fond l'Hippotomie, & qui aient
en même temps auffi une notion exacte
de la partie médicale, pour traiter les
maladies & diriger les opérations,
afin de réduire tous nos ignorans
Maréchaux (qui feroient déformais
une claffe à part) au fimple emploi
de manœuvres ; leur défendant fous

(*y*) *Voyez fon chap. XIV. des accidens qui arrivent de l'application du fer. Guid. du Mar. pag.* 311.

peine d'amande , ou de prifon de traiter aucune maladie fans l'intervention du Médecin à qui ils feroient fubordonnés (χ)

Je fuis perfuadé qu'aujourd'hui que le commerce & le luxe ont fi fort augmenté , il y a peu de pays où un tel établiffement ne fût très-avantageux , vû le nombre immenfe de chevaux de toutes les cathégories dont on a befoin , fans compter les Troupes à cheval qui font auffi augmentées en même proportion , & dans lefquelles il périt une infinité de chevaux faute d'être bien médicamentés.

(χ) *Ils ne feroient pas moins utiles pour le traitement de ces maladies contagieufes qui affligent fouvent les Bêtes à cornes , & qui en dépeuplent tout un pays en peu de temps : & cela par la craffe ignorance des Maréchaux , qui ne favent ni connoître les maladies , ni les traiter , ni les médicamenter ; car en vérité comment peut on s'imaginer que des gens qui ne favent ni lire , ni écrire puiffent être en état de traiter ces maladies , les extirper ou en arrêter les progrès?*

FIN.

DES

HARAS

PARTICULIERS.

ARTICLE DOUZIEME.

Des Haras particuliers.

DAns les Articles précédens j'ai parlé des Haras en général, c'est à dire de la propagation générale des Chevaux ; j'ai fait voir foit d'après le fentiment des plus grands hommes, qui ont traité ces matieres, foit d'après les obfervations longues, réitérées & attentives que j'ai faites moi-même pendant le cours de quinze années, dans tous les pays de l'Europe, où l'on éleve des Chevaux, quels font les feuls & vrais moyens de multiplier & de perfectionner leur efpèce ; il ne me refte maintenant plus qu'à dire quelque chofe des Haras particuliers ; touchant le choix du terrein, la façon de les nou-

rir , & quelques autres petites précautions à prendre.

Quant à l'emplacement propre
pour établir un Haras en forme , il
n'eſt pas douteux que ſi l'on peut
avoir un terrein ſec , bien expoſé ,
& qui ait quelque inégalité qui
oblige les poulains à monter , & à
deſcendre , il faudra le choiſir par
préférence à tout autre. Mais comme il arrive très-ſouvent que l'on
ne peut pas ſe donner les terreins
que l'on veut , & qu'il faut ſe ſervir de ceux que l'on a , je ſuis très-
perſuadé qu'à quelques précautions
près on peut également avoir de
beaux & bons Chevaux en tout
terrein.

D'abord les terreins maigres ce
ſont ceux qui ſont les plus propres
pour les poulains , & pour les Cavales trop graſſes qui ont de la peine à retenir , de façon qu'il n'y a

qu' à avoir l'attention d'en avoir d'un peu plus gras pour les jumens pleines.

Ainſi, quand vous aurez choiſi votre emplacement, quel qu'il ſoit, ſi c'eſt un endroit marécageux, il faudra le faire ſaigner, afin de le rendre auſſi ſec qu'il eſt poſſible; enſuite il faudra l'enclorre avec une paliſſade (a) ou une haye-vive, forte & bien épaiſſe, & ce n'eſt pas ſeulement pour empêcher les Chevaux d'en ſortir, mais auſſi afin que les loups ne puiſſent y entrer, qui dévoreroient vos poulains; après cela vous examinerez s'il n'y a ni trous, ni foſſès, ni chicots d'arbres; s'il s'en trouve, il faut faire combler les premiers, & arracher les ſeconds; Enſuite vous partagerez le grand enclos en autant de petits parquets A. B. C. D., car il faut

(a) *Voyez plan. IV.*

Q 3

absolument féparer les jumens pleines de celles qui ne le font point , & les poulains des pouliches ; fans ces précautions il arrivera mille inconvéniens qui feront d'un grand préjudice à votre Haras : il eft même néceffaire d'avoir des parquets de réferve E. pour faire paffer les Chevaux de tems en tems des uns aux autres, fur tout après les pluyes ; j'ai vû des perfonnes qui pour mieux conferver leurs terreins , faifoient fuccéder les Bœufs aux Chevaux.

Dans tous ces parquets il faut qu'il y ait des mares F. qui ne foient pas trop profondes, afin que les Chevaux puiffent s'y abreuver ; mais fur tout point d'eau de fontaine abfolument , qui feroit un très-grand mal aux jumens pleines.

Il feroit à propos qu'il y eût des arbres, afin de procurer de l'ombre à vos Chevaux pendant les grandes chaleurs, & afin que les Chevaux ne puiſſent ſe grater contre ces arbres, on les double avec des planches juſqu'à une certaine hauteur.

A' la tête du grand enclos il faut y conſtruire une eſpèce de hangar, G. qui ſoit tourné vers l'Orient, s'il eſt poſſible; ces hangars ſont des eſpèces de remiſes conſtruites en bois, où il y a une crêche, & un long ratelier, comme vous voyez en H., pour y retirer les Cavales, & les poulains pendant les gros orages qui ſurviennent en été, & les pluyes froides du printems & de l'automme, & ſi vous n'avez point d'autres écuries, ils peuvent encor vous ſervir pour y tenir votre Haras à couvert pendant l'hiver, que l'on ne doit laiſſer ſortir que dans les belles journées.

Il faut avoir l'attention d'avoir toujours quelque valet attentif pour ſurveiller au Haras, & il faut le placer dans un endroit où il puiſſe tout découvrir, par exemple en I. ; il eſt encore bon d'avoir quelques gros chiens K. pour la garde, que l'on lâche pendant la nuit, pour en écarter les voleurs & les loups.

Ayez attention en Automne, dès que les nuits commenceront à être froides, & la gelée blanche à tomber, de faire retirer le ſoir vos jumens dans le hangar avec leurs poulains, & de ne point les laiſſer ſortir le matin trop de bonne-heure (*b*).

Les Cavales qui allaiteront, vous aurez ſoin de les mettre dans le parquet où il y aura la meilleure herbe, & s'il y en a que vous jugiez qui puiſſent manquer de lait, donnez-leur de l'orge concaſſé, matin & ſoir.

S'il en tombe de malades, il faut d'abord les ſéparer des autres, & il faut pour cela avoir un endroit pour les mettre à couvert L.

(*b*) *Voyez ci devant les Articles IV. & VII.*

Si vous voulez que votre Haras prospere, ne faites jamais commencer la monte avant le mois de May , sur tout si vous étes dant un pays dont le climat ne soit pas trop chaud , car les poulains souffrent beaucoup plus le froid , que la chaleur.

Les étalons doivent toujours rester à l'écurie ; & il faut qu'il y ait au moins un étalon pour quinze jumens, hormis que vous n'ayez une infinité de Cavales à faire couvrir ; alors un étalon vigoureux peut suffire pour dix-huit à vingt jumens, mais jamais davantage, & toutes les proüesses que l'on conte de certains étalons qui ont monté des cent, cent cinquante jumens dans une Campagne , ce ne sont que des fables, qu'il seroit inutile de réfuter (c).

(c) *Voici un passage d' un Naturaliste moderne qui vient à propos pour ce sujet.*

Quegli animali, che si danno immaturi alla venere, per lo più hanno prole viziosa, debole, o nulla; e due

Ayez encor avec vos étalons quelques beaux ânes pour faire couvrir les jumens qui ont de la peine à retenir, & même celles qui n'ont point encor été couvertes, car le premier poulain que donne une jument n'est ordinairement pas si bien étoffé que ceux qu'elle donne dans la suite (*d*).

Une fois que la monte est commencée, tous les jours sont également bons pour faire couvrir les jumens; & la lune n'a pas plus d'influence sur nos jumens, que notre globe en aurait sur des jumens qui seroient sur sa surface.

Il ne faut pas non plus saigner les jumens, ni leur jetter de l'eau sur la tête, comme quelques-uns le pratiquent pour les faire retenir, tout cela est inutile; & n'est qu'une marque d'ignorance.

Congiunti indisposti, o vecchi, o troppo esercitati, o non generano, o imperfettamente generano, *Della regolata e viziosa generazione degli animali parte* 1. *pag.* 56. *Ven.* 1768.
(d) *Voyez* Mr. de Buf. *Hist. Nat. tom.* 4. *pag.* 214. *Ed. in* 4°.

Quand vous voudrez donner la monte à vos jumens, vous aurez un endroit exprès entouré de palis M., où vous ferez entrer celles dont vous aurez bien conſtaté la chaleur ; enſuite vous lâcherez un étalon N. qui ne ſoit point novice , (*e*) & le laiſſerez en liberté de choiſir la jument qu'il voudra ; dès qu'il aura fait ſon coup, vous le retirerez , ainſi que la jument ; & un autre étalon prendra ſa place ; *Voyez* ci devant à l'article de la Monte.

Ne donnez jamais aucun aliment chaud aux étalons pour les exciter à l'oeuvre, cela leur épaiſſit trop le ſang, il ne faut point ajoûter feu ſur feu, ce ne ſont que les ignorans qui ſe ſervent de ces moyens ; au contraire il faut toujours les rafraîchir , donnez-

(*e*) *Un étalon qui n'aura jamais monté , on pourra le faire couvrir deux ou trois fois à la main quelques jumens bien tranquilles, & de celles qui conçoivent le plus aiſément.*

leur fouvent de l' orge concaffé, de la bonne avoine, de la paille bien nette, & fur tout peu de foin, ne les laiffez pas non plus trop boire; faites leur fouvent laver les jambes avec de l' eau fraîche, afin d'empêcher les humeurs d'y defcendre, & de s'y fixer deffus; pendant les grandes chaleurs, s'il vous eft commode, envoyez-les le foir à l' eau, & faites les y refter quelque tems; cela leur fera un très-grand bien.

En été faites monter vos étalons le plus matin que vous pourrez; ils fe fatigueront moins.

Que vos étalons ayent au moins les quatre ans accomplis, quand vous les ferez monter pour la premiere fois; avant ce tems ils ne vous donneroient que des poulains foibles, & mal conftitués.

La monte finie, vous aurez l' attention de rafraîchir vos étalons, enfuite vous leur donnerez l'antimoine, afin de rendre la fluidité à leur sang qui s'est épaissi par les services qu'ils ont rendus ; vous les tiendrez loin des jumens, & toujours dans un exercice modéré.

Voila, si je ne me trompe, ce qui me restoit à ajoûter pour satisfaire à tout le Monde, & pour ceux, surtout, qui pourroient avoir envie de se former des Haras.

Si j'en voulois dire davantage ; je ne pourrois que répéter ce que j'ai dit ci-devant ; & c'est de quoi je me garderai bien.

F I N.

D U

GOUVERNEMENT ECONOMIQUE

D'UNE

ECURIE.

AVANT-PROPOS.

IL est incontestable que la plûpart des Chevaux périssent, parce qu'ils sont mal soignés; & comment pourroit-il être autrement? Ces pauvres bêtes sont gouvernées par des Valets pour la plûpart ivrognes, libertins & paresseux, montées le plus souvent par des massacres, & presque toujours médicamentées par des ignorans. Il est triste sans doute que des bêtes qui rendent journellement de si bons services aux hommes, soient si fort maltraitées par eux. Je sçais bien que personne ne veut de volonté délibérée ruiner ses Chevaux, & l'amour que chacun a pour sa bourse m'en est un sûr garant; ce n'est que par pure ignorance que tant de Chevaux périssent avant le tems.

R

Et voila aussi pourquoi je me donne la peine de redire ici ce que d'autres ont déja dit avant moi ; Il faut souvent répéter aux hommes les choses mêmes qui leur sont les plus utiles, afin qu'ils apprennent une bonne fois à se corriger.

Je diviserai cette matiere en trois chapitres ; dans le premier je dirai comment on doit panser, nourrir & soigner les Chevaux dans les écuries ; dans le second comme on doit les traiter dans les voyages ; & je parlerai dans le troisiéme des précautions à prendre, quand on a des courses à faire, ou que l'on veut chasser ; ainsi je tâcherai de rendre cet ouvrage aussi utile, aussi clair & aussi court qu'il me sera possible.

CHAPITRE PREMIER.

Comment on doit panſer, nourrir & ſoigner les Chevaux dans les écuries.

Our entretenir une écurie en bon état, la premiere choſe à laquelle il faut avoir attention, conſiſte dans le choix des gens d'écurie ; ſi c'eſt une écurie nombreuſe où il y ait un chef, il faut que ce ſoit un homme auquel tous les autres ſoient ſubordonnés, & par conſéquent qu'il ſache & commander, & ſe faire obéir ; il doit ſavoir & monter, & ſe connoître en Chevaux, & il eſt encor néceſſaire qu'il ait au moins quelques notions de la partie médicale : ſans cela les

Maréchaux ne lui en donneront pas
mal à croire, mais furtout qu'il foit
vigilant, & attentif, & qu'il ne fouf-
fre jamais la moindre négligence dans
fes fubordonnés : quant aux autres
gens d'écurie, tels que cochers, palefreniers, garçons de caroffe & autres valets, il faut abfolument en
écarter tous les ivrognes, car ils font
fouvent la caufe de terribles malheurs:
j'ai vû plus de dix fois en ma vie des
valets ivres mettre le feu à l'écurie,
& quelquefois s'y bruler dedans avec
leurs Chevaux, & je fuis même fur-
pris que la police n'ait pas davantage l'oeil fur eux, & qu'elle ne défende point au moins à ceux qui font
reconnus pour ivrognes de profeffion,
un métier fi dangereux pour tous les
voifins de l'écurie commife à leurs
foins.

Il faut encor, autant que l'on peut,
choifir des gens patiens & doux;

mais qui le soient par raison, & non par timidité ; car un homme timide par tempérament n'est jamais bon autour des Chevaux, & un brutal encor moins, car le premier laisse prendre des vices aux Chevaux, parce qu'il les craint, & le second leur en donne à force de les maltraiter.

Il y a des gens qui prétendent qu'un homme peut panser jusqu'à sept Chevaux, mais cela est impossible ; & ce serait une folie de le prétendre ; un bon palefrenier, quelque habile & bon travailleur qu'il soit, ne peut pas soigner au-delà de quatre Chevaux, car il y faut au-moins une heure pour chaque Cheval, pour le bien panser & l' arranger comme il faut : ainsi on ne doit jamais donner à un homme plus de quatre Chevaux.

La premiere chose que doit faire un palefrenier le matin, c'est de vifiter fes Chevaux l'un après l'autre, pour voir s'il ne leur eft rien furvenu pendant la nuit, s'ils fe portent tous bien, fi quelqu'un n'a pas laiffé fon foin au ratelier ; ce qui dénoteroit qu'il ne fe porte pas bien : au cas que cela foit, il doit en avertir tout de fuite le Maître ou le Directeur de l'écurie, & c'eft une faute impardonnable à tout homme qui foigne des Chevaux, de ne pas avertir tout de fuite, quand il leur arrive quelque chofe ; car un petit mal négligé devient bientôt un mal incurable.

Après avoir vifité fes Chevaux, il ôtera la litiere, c'eft à dire il féparera la paille nette & feche de celle qui eft mouillée & fale, il pouffera la premiere fous la crêche, & emportera tout de fuite l'autre hors de l'écurie ; car rien n'eft plus mauvais que de faire magafin de fumier dans

l'écurie, comme ne font que trop
fouvent certains palefreniers pareffeux.

Cela fait, il tournera fes Chevaux
au filet, & il doit lui être défendu
de les étriller attachés à la crêche,
furtout les jeunes Chevaux qui prefque toujours chatouilleux, quand on
les étrille, vont mordant contre la
crêche, & s'accoûtument ainfi infen-
fiblement à tiquer.

Pour panfer un Cheval comme il
faut, l'étrille doit toujours marcher
légérement contre poil : on commence par la croupe, & on la promene
fur tout le corps ; mais elle ne doit
jamais paffer ni fur l'arête du dos,
ni fur les jarrets, & encor moins
fur les jambes; il n'y a que la broffe & le bouchon qui doivent paffer
fur ces parties : quand on a bien paffé l'étrille, on prend un épouffet qui
eft un morceau de gros drap avec

lequel on donne légérement quelques coups ſur le corps du Cheval
pour en faire ſortir la pouſſière que
l'étrille y a laiſſée ; enſuite on le broſſe bien en tout ſens ; & il faut avoir
ſurtout ſoin de faire paſſer la broſſe
entre les oreilles & ſur le front,
qui ſont toujours les endroits où il y
a le plus de pouſſière : après cela, ſi
c'eſt en été, il faut faire laver les
quatre jambes, & les crins, avec de
l'eau fraîche ; car rien ne fait tant
de bien aux Chevaux, que de leur
laver ainſi les jambes le matin ; cela empêche les humeurs d'y deſcendre en trop grande abondance ; on
ſe ſert encor de ſavon, quand il en
eſt beſoin, pour dégraiſſer les crins ;
après cela avec un morceau de drap
on eſſuie bien le Cheval partout,
on le frotte ſous la ganache, dedans
les oreilles , & dans les naſeaux :
cela fait, le palefrenier lui met ſa

couverture, & rien n'eſt plus néceſſaire que de tenir toujours une couverture ſur les Chevaux, ſoit en été, ſoit
en hiver, pour empêcher la pouſſière
de s'amaſſer ſur leur corps, qui en
bouchant les pores du cuir, empê-
cherait cette inſenſible tranſpiration,
ſi néceſſaire pour la ſanté de l'individu. Quand le Cheval aura les pieds
ſecs, il les lui graiſſera avec de l'onguent, mais ſimplement de la largeur
d'un doigt autour de la couronne ;
il y a des palefreniers ſi mal - adroits
qu'ils graiſſent tout le ſabot; alors l'onguent coule dans les trous des clous,
ce qui fait ſouvent perdre les fers.

Quand le Cheval ſera ainſi panſé,
le palefrenier examinera toutes les
parties de ſon corps, il paſſera la
main dans les quatre paturons, pour
voir s'ils ſont bien nets, il levera les
quatre pieds l'un après l'autre, pour
voir ſi les fers tiennent comme il faut,

mais ce qu'il ne doit jamais oublier, c'eſt d'examiner la langue du Cheval, pour voir ſi quelquefois elle n'eſt point bleſſée, ou ulcérée, ce qui arrive très-ſouvent par les épines qui ſe trouvent dans le foin qui la piquent; à la vérité elle guérit ſouvent d'elle-même, mais j'en ai vû auſſi tomber, faute de n'y avoir point remédié à tems, parcequ'on ne s'en étoit point apperçu (a).

Après avoir ainſi bien examiné le Cheval avant de le retourner au ratelier, il nettoyera bien la mangeoire, enſuite il lui donnera ſa me-

(a) Il eſt arrivé à un de mes amis, moi abſent, que ſon Cheval en mangeant du foin ſe planta une épine aſſez forte dans la langue, quelques jours après la douleur l'empêchant de manger, on le crut malade, on appella le Maréchal, qui ſans autre examen le ſaigna coup ſur coup cinq ou ſix fois, lui donna force lavemens, & eut la bétiſe de le laiſſer quatre jours ſans manger : au cinquième jour il s'aviſa de vouloir lui donner un cordial; mais au moment qu'il lui prit la langue pour lui faire avaler ſa drogue, la moitié de la langue lui reſta en main; le Cheval aurait encor pû guérir, mais les quatre jours de jeûne, les lavemens & les ſaignées, l'avaient ſi fort épuiſé, qu'il en creva deux jours après; voila les inconvéniens de la groſſiére ignorance de nos Maréchaux, & de la négligence des gens d'écurie.

fure d'avoine ; & c'eft le tems le plus propre de la lui donner, car le Cheval fortant du filet, la mangera avec plaifir & appétit, & l'avoine lui fera plus falutaire : dès qu'il aura fini fon avoine, il lui donnera du foin, qu'il aura foin de fecouer avant, & une heure après il le fera boire.

Mr. De la Gueriniere nous fait obferver que ce n'eft pas l'abondance de la nourriture qui engraiffe le Cheval, mais que la façon de le panfer y contribue beancoup plus ; (*b*) ainfi ne nous écartons point des principes de cet habile Ecuyer ; que vos Chevaux foient bien panfés, & que la nourriture foit de bonne qualité, plûtôt que trop abondante : vingt livres de foin par tête diftribuées en trois fois à vos Chevaux font plus que fuffifantes ; le matin après avoir mangé fon avoine, une heure après midi, & le

_____

(b) *Ecole de Caval. tom. prem. pag.* 100. *ed. de Paris in* 8. 1734.

foir quand on leur fait la litiere ; j'avertirai ici que c'eſt une très-mauvaiſe méthode que celle que l'on pratique dans quelques écuries, de remplir le matin le ratelier pour les vingt-quatre heures, toutes ces vapeurs qui s'élevent continuellement dans les écuries, ſurtout dans celles où il y a beaucoup de Chevaux, s'attachent au foin, & on ne ſauroit croire combien cela fait de mal aux Chevaux, leur cauſe des démangeaiſons, des gales, des farcins ; & ainſi il ne faut pas non plus permettre aux Palefreniers de tenir le foin dans l'écurie, mais ils doivent le jetter tout frais du grenier, toutes les fois qu'ils doivent le diſtribuer aux chevaux. Quand à l'avoine, deux picotins par jour ſuffiſent pour un cheval qui n'a pas de grandes fatigues à faire ; on lui en donne une le matin, d'abord après panſé, & l'autre après midi : il eſt bon de donner quelquefois du son aux chevaux, surtout dans les grandes chaleurs de l'été, cela leur donnera de la fluidité au sang & le rendra plus propre à circuler.

Pour ce qui regarde leur boisson, les eaux stagnantes sont les meilleures : ainsi, quand on est à portée d'en avoir, il faut les leur donner par préférence ; mais une précaution qu'il ne faut point négliger , quand on est obligé de les abreuver avec de l'eau de rivière, de puits ou de fontaine, c'est d'y mêler toujours du son avec . Il ne faut pas non plus laisser trop boire un cheval ; rien ne contribue tant à le faire devenir poussif ; un sceau le matin & l'autre le soir, sont plus que suffisans ; & les Cochers & Palefreniers qui abreuvent en été , trois & jusqu'à quatre fois leurs chevaux , sont des ignorans qui ne savent ce qu'ils font.

Une chose excellente pour entretenir toujours les Chevaux en bonne santé, c'est de les faire souvent boire blanc; de la farine de seigle ou d'orge délayée dans l'eau est une boisson excellente pour ces animaux, rien ne leur adoucit plus le sang, & ne les préserve mieux de toutes les maladies de la peau auxquelles ils sont assez sujets.

Si vous voulez encore que vos chevaux se portent bien, faites les souvent promener; un exercice modéré leur est aussi utile que la nourriture même; ne laissez jamais monter vos chevaux par les Palefreniers, que vous ne soyez assuréz de leur docilité, & jamais avec le mors, que vous ne soyez bien sûr de leur main. La promenade ordinaire d'un Cheval de selle ou de carrosse, attelé ou monté, doit être d'une heure, entre aller & venir.

A l'écurie vous tiendrez toujours vos Chevaux attachez à deux longes, les meilleures font celles de cuir, mais il y a des Chevaux qui les mangent; alors il faut leur mettre des longes en corde mêlée avec du crin ; on leur attache une boule au bout, afin que la longe puiffe aller & venir, à mefure que le Cheval fe remue ; il faut encore une troifiéme longe qui prend à un anneau au devant de la muferolle, & qui s'attache à la muraille, pour empêcher le Cheval de manger fa litiere.

Les utenfiles d'une écurie font pour chaque Cheval, ou du moins chaque homme qui panfe trois ou quatre chevaux.

1. Une étrille.
2. Une broffe.
3. Une épouffette.
4. Un gros peigne.
5. Une éponge.
6. Une paire de cifeaux.

7. Une fourche de bois, car elle vaut mieux que de fer.

8. Une pélle.

9. Un bon bouchon, duquel il faut qu'il se serve souvent.

10. Un couteau de chaleur.

11. Deux seaux, un pour laver les crins, & l'autre pour abreuver.

12. Un cure-pied.

13. Un balai.

14. Une brouette pour emporter le fumier.

15. Une vanette.

16. Une paire de pincettes.

17. Une paire de morailles.

18. Du savon & de l'onguent de pied.

Ajoûtez à cela des mastigadors, des filets, des bridons, des cavessons &c., mais ces choses regardent plûtôt le Directeur de l'écurie, que les Palefreniers.

CHA-

CHAPITRE II.

*Comment on doit traiter les Chevaux avant,
pendant & après les voyages.*

Toute perſonne qui veut entreprendre un long voyage avec ſes propres Chevaux, la premiere choſe à laquelle il faut qu'il faſſe attention, c'eſt qu'ils ſoient grands mangeurs, carles Chevaux délicats & qui mangent peu, ne peuvent guère ſoutenir les fatigues d'un long voyage ; en ſecond lieu il faut qu'ils ayent des pieds excellens ; & voila deux qualités indiſpenſables à toutes ſortes de Chevaux, que l'on deſtine à faire de longues traites.

Après cela les precautions à prendre avant les voyages conſiſtent *primo* à bien examiner les harnois desquels on veut ſe ſervir ; ſi c'eſt un Cheval de Selle, on examine ſi la felle eſt bien rembourrée , ſi elle appuye également par tout ſur le dos du Cheval , ſi elle eſt aſſez relevée ſur le devant pour ne point toucher le garrot , ni derriére ſur les reins : (Les Anglois accoûtument de mettre une couverture ſous la ſelle, & cette méthode eſt excellente pour garantir un Cheval d'être bleſſé :) Si le mors n'eſt pas trop peſant, trop étroit , ou trop grand , car ſouvent il bleſſe le palais, la langue, les barres, ou les levres du Cheval, ce qui lui fait perdre le manger, & l'empêche de continuer ſa route. Si ce ſont des Chevaux de voiture, il faut encor en examiner les harnois, ſi aucune boucle ne frotte contre le Cheval, ſi les traits ſont égaux , ſi les couſſinets ſont bien placés &c.

Avant d'entreprendre un voyage, il faut mettre les Chevaux en haleine ; & on commence pour cela par les bien engrener long-tems avant : enfuite on leur fait faire tous les jours de longues promenades ; il faut auffi faire ferrer vos Chevaux quelques jours avant votre départ, afin que fi par malheur on vous en pique quelques-uns, ou que les fers appuyent trop fur la fole, vous puiffiez vous en appercevoir avant de vous mettre en route.

Les précautions à prendre pendant la route confiftent à commencer par faire de petites journées, les premiers jours fept à huit lieues, enfuite huit à dix ; & on peut augmenter jufqu'à douze, quatorze, ou feize, felon la force des Chevaux, & le voyage plus ou moins long que l'on a à faire.

L'allure la plus commune pour les longs voyages c'eft le pas ; cependant quand on a des Chevaux qui ne relevent pas beaucoup, c'eft à dire qui n'ont pas de grands mouvemens qui puiffent les fatiguer, on peut les trotter de tems en tems, fans craindre de trop les fatiguer : les Anglois qui ont des Chevaux qui pour la plûpart rafent le tapis, font de très longues routes toujours le trot, fans que leurs Chevaux en souffrent ; une précaution qu'il faut avoir, c'eft de les ménager dans les montées, de même que dans les defcentes, pour ce qui regarde les Chevaux de felle furtout.

Il faut auffi avoir l'attention, quand on approche de l'endroit où l'on veut s'arrêter, foit pour la dînée, ou pour la couchée, de mettre les Chevaux au pas, & de les laiffer marcher quelque tems bien tranquillement, afin qu'ils n'arrivent point effouflés à l'auberge ; & d'abord arrivé leur faire laver les jambes, les yeux & la bouche, & leur curer les pieds, mais ne jamais leur mouiller le ventre ; enfuite on les effuye, & on bouchone le refte du corps ; aprés cela on leur met leur couverture, & on les laiffe au moins un bon quart d'heure fans leur donner à manger.

En attendant les gens d'écurie doivent les examiner, s'il n'en eft point qui fe foient coupés, fi les fers tiennent comme il faut, fi les harnois ne les ont point bleſsés &c. enſuite on les tourne au ratelier, & fi c'eft à la dinée, on leur donne la moitié de leur avoine, & on les laiſſe manger du foin pendant une heure, puis on les fait boire, & on leur donne le reſte de leur avoine; après cela on les panfe, & on leur remet la felle, ou les harnois; il faut pourtant que la dinée foit au moins, fi l'on peut, d'une couple d'heures, afin que les Chevaux ayent le tems de manger & de fe repofer. Si vous faites route en été, il vaut mieux marcher pendant la nuit, & fe repofer le jour; alors il faut avoir l'attention de fermer les écuries pour les rendre obſcures autant que

l'on peut, afin que les mouches ne
tourmentent point les Chevaux. Si
vous êtes obligé de marcher pendant
le jour dans un pays où il y ait beaucoup de mouches, il faut avant
partir faire bien baſſiner le ventre
de vos Chevaux, & le plat des cuiſſes
avec du vinaigre; cela en écartera les
mouches pour quelque tems, & vos
Chevaux feront moins tourmentés.

Il faut auſſi, tant que l'on peut,
que la route du matin ſoit plus
longue que celle de l'après diné;
le Cheval le matin ſortant frais de
l'Ecurie marche toujours plus gaye-
ment; & il eſt bon auſſi qu'il
arrive le ſoir moins fatigué, afin
qu'il puiſſe en arrivant manger avec
appétit, & enſuite ſe repoſer; en
ſortant de l'auberge, il faut d'abord
aller quelque tems le petit pas, afin
que le Cheval ſe mette inſenſiblement,
en haleine, car un Cheval qui
auroit beaucoup mangé, & que

l'on ferait tout de fuite aller grand train, pourroit crever, ou du moins il fouffriroit beaucoup.

En arrivant à l'auberge le foir, il faut prendre les mêmes précautions que nous avons dit pour la dinée ; enfuite il faut panfer , & vifiter tous les Chevaux l'un après l'autre, ainfi que les harnois, & les équipages, pour voir fi rien ne manque. Il y a des palefreniers qui par pareffe laiffent ainfi les Chevaux avec la fueur fur le corps jufqu'au lendemain; cela eft d'un grand préjudice au Cheval , car cette fueur mêlée avec la pouffière bouche les pores du cuir , & empêche le Cheval de tranfpirer ; ce qui lui fait fouvent enfler les jambes , ou fortir des malandres ; ainfi ne manquez jamais en route de faire le foir bien étriller vos Chevaux avant qu'on leur faffe la litiere ; rien n'eft plus effentiel pour la fanté de ces animaux. La litiere même il y a très-peu de palefreniers qui la faffent comme il faut; ils ont tous la louable coutume de pouffer la paille tant qu'ils peuvent vers la croupe du Cheval, afin qu'il ne fe faliffe pas, pour n'avoir point le matin la peine de le laver; mais ce n'eft pas la croupe du Cheval qui doit repofer mollement, c'eft la côte, & c'eft précifément où les palefreniers fe foucient fort-peu de mettre de la paille, de façon que ces pauvres bêtes le plus fouvent ayant les côtes fur le pavé, couchent très-mal, & ne peuvent point repofer comme il le faudroit pour fe délaffer; ainfi, comme l'on voit, il eft très-utile d'avoir l'oeil à ce que la litiere foit faite comme il faut, c'eft à dire qu'il y en ait beaucoup à l'endroit où la côte doit pofer.

La litiere faite on arrange la lampe, afin de s'affurer qu'il n'arrive aucun fâcheux accident, & celui qui eſt de garde aux Chevaux fait ſortir tout le monde de l'écurie, & y reſte ſeul, car encor faut-il laiſſer les Chevaux en repos, & ne point permettre que les gens d'écurie jouent, ou ivrognent pendant la nuit dans l'écurie : cela empêche les Chevaux de repoſer.

Le lendemain deux heures avant le tems que l'on a fixé pour le départ, les gens d'écurie entrent, & donnent d'abord l'avoine aux Chevaux, enſuite du foin, & en même tems ils les panſent, car en voyage on les étrille tournés au râtelier, afin qu'ils ayent aſſez de tems pour manger : après panſés on leur donne un coup d'oeil, pour voir s'ils ſe portent tous bien, & puis on les fait boire, après bû on leur donne le reſte de leur avoine, & on leur met les harnois, puis on paye l'hôte, & l'on part, & on recommence de même les jours ſuivans, tant que dure la route.

Le voyage fini il eſt bon de prendre encor quelques précautions pour la ſanté de vos Chevaux ; Il faut ſurtout bien ſe garder de les abandonner tout de ſuite à un trop long repos, cela leur ſeroit très-nuiſible, vous leur ferez faire de petites promenades pour les raccoûtumer inſenſiblement à leur vie ordinaire; comme probablement après une longue route, & des fatigues extraordinaires vos Chevaux ſeront échauffés, il ſera bon de les mettre à l'eau blanche, & au ſon pendant quelque tems, enſuite les faire ſaigner, & leur donner l'antimoine ; il faut auſſi pendant quelques jours leur faire frotter les épaules, & les jambes avec de l'eau de vie, faire mettre du crotin mouillé dans leurs pieds, & les tenir bien couverts, ſurtout ſi la Saiſon eſt froide, leur faire une bonne litiere, & les faire bien bouchoner tous les jours.

Voila quelle est la meilleure façon de gouverner des Chevaux , soit devant, pendant, ou après les voyages; j'ai fait de très-longues routes de deux à trois cent lieues, & j'ai toujours gouverné mes Chevaux ainsi que je viens de le dire , ils se sont toujours très-bien portés, & aucun accident ne m'a jamais arrêté dans mes voyages.

CHAPITRE TROISIEME.

Des Chevaux de course, & de chasse.

LEs Chevaux destinés pour la course, ou pour la chasse doivent être nourris & entretenus différemment des autres ; à ceux-ci il faut leur donner peu de foin , beaucoup d'avoine , les tenir toujours en haleine , & les faire souvent boire blanc , afin de leur rafraîchir le sang , que l'avoine & les courses échauffent.

Il faut furtout qu'ils foient bien, & légérement ferrés , & il ne faut jamais leur laiffer trop parer le pied, & encor moins rapper , leur entretenir toujours la corne fraîche avec de l'onguent de pied ; moyennant ces précautions vous préferverez vos Chevaux des *feymes* , auxquelles les Chevaux de courfe font affez fujets.

Il y en a qui les font mettre au maftigador , & les y laiffent ainfi une heure ou deux avant de les monter pour les courir ; cela ne vaut rien ; le maftigador n'eft bon que lorfque les Chevaux n'ont rien à faire , car il les épuife , & les fatigue . Il ne faut pas non plus, comme quelques-uns le pratiquent, leur donner des cordiaux , des pillules , ou autres chofes qui les échauffent; on penfe par là augmenter la viguzur du Cheval , & on le ruine. Du foin , de l'avoine, & de l'orge , voila ce qu'il faut aux Che-

vaux, le reste n'est que pure char-
latanerie ; il est cependant bon de
laisser passer au moins une heure
après qu'un Cheval a mangé avant
de le monter.

Si vous avez une course à faire,
faites mener votre Cheval à la main
doucement au rendez-vous, & sur
tout quand vous l'aurez monté, ne
le poussez pas d'abord à toute ou-
trance, car le meilleur Coureur vous
manquera, si vous ne savez le ménager ; il faut, quand on commence à
courir, avoir l'oeil sur ceux qui cou-
rent avec vous, augmenter insensiblement votre allure, & ne pousser
à toute bride que lors qu'il ne vous
reste plus qu'un quart de chemin à
faire, alors il faut piquer ferme, &
ne plus rien ménager ; la Course
finie, faites-lui d'abord abattre la
sueur avec le couteau de chaleur, & ensuite faites ramener votre Cheval doucement à l'écurie ; en y arrivant vous

vous réglerez comme j'ai dit ci devant.

Quand vous chasserez aux chiens courans, ayez aussi l'attention de ménager votre Cheval sur les commencemens ; car quoique l'on ait des relais quelquefois on les manque , & une seule chasse suffit pour ruiner un Cheval ; ainsi il ne vous faut pas toujours galoper , mais il est bon de tems en tems de mettre votre Cheval au trot ; cela lui rafraîchira l'épaule ; les montées il faut les faire au petit pas , ainsi que les descentes.

Si vous avez quelque eau à passer, où il faille nager, serrez les genoux, & donnez toute la main à votre Cheval ; quand vous aurez passé, mettez votre Cheval au trot , sur tout s'il était sué, il ne faudrait pas le laisser arrêter en sortant de l'eau.

Quand vous relayez , il faut que votre palefrenier lui abatte tout de suite la sueur , ensuite qu'il le promene quelque tems le pas , afin qu' il se refroidisse insensiblement ; sans ces précautions il pourroit devenir fourbu.

Les Chevaux qui ont beaucoup d'ardeur, & les jeunes Chevaux, il faut encor les ménager davantage ; il est bon de commencer par les accoûtumer insensiblement au bruit de la chasse ; & pour cela il faut les faire mener en main, ou les faire monter par quelqu'un qui soit patient, & qui les tienne d'abord loin de la chasse, ensuite petit à petit on les en approche, en les tenant dans les belles routes jusqu'à ce qu'ils soient accoûtumés au bruit.

Une autre précaution qu'il ne faut pas négliger, c'est lors que le cerf, le Daim, ou le chevreuil, &c. vont mourir dans des endroits humides, comme cela arrive très-souvent, de prendre garde à ne point arrêter votre Cheval dans l'humidité, mais de le promener, ou bien de choisir pour vous arrêter l'endroit le plus sec.

Au retour de la chaſſe en arrivant à l'écurie, outre les précautions que nous avons dit ci-deſſus, il eſt bon de bien faire frotter les épaules, & les jambes à vos Chevaux avec de l'eau de vie dans laquelle on peut mêler quelques goutes d'eſſence de térébentine.

Voila quelles ſont les précautions, qu'il ne vous faut point abſolument négliger, ſi vous voulez que vos Chevaux ſe maintiennent en bonne ſanté, & ſoient toujours en état de vous ſervir.

FIN.

IMPRIMATUR.

Fr. Joannes Dominicus Piſelli Ord. Præd. S. T. M. Vicarius Generalis S. Officii Taurini.

V. Siccus LL. AA. P.

Vû ſoit imprimé.

Galli pour S. E. M. le Comte **Caissotti Grand Chancelier.**

planche 1.

sept machoires inferieures

Fig. 1.

dents de lait jusqu' environ 24. à 26. mois.

Fig. 11.

Cheval de 3. ans.

Fig. 111.

Cheval de 4. ans: les crochets commencent à paroître

Fig. 1v.

Cheval de 5. ans: les crochets sont tout à fait dehors.

Fig. v.

Cheval de 6. ans: les pinces commencent à raser.

Fig. v1.

Cheval de 7. ans: les mitoyennes rasent à leur tour.

Fig. v11.

Cheval de 8. ans: les dents de la machoire inférieure finissent de raser.

trois machoires superieures.

Fig. v111.

Machoire superieure d'un Cheval de 8. à 9. ans: qui commence à raser ses pinces.

Fig. 1x.

Cheval de 9. à dix ans qui rase les mitoyennes de la machoire superieure: les crochets commencent à s'arrondir

Fig. x.

Cheval de dix à onze ans qui a entièrement fini de raser: la gencive commence à se retirer.

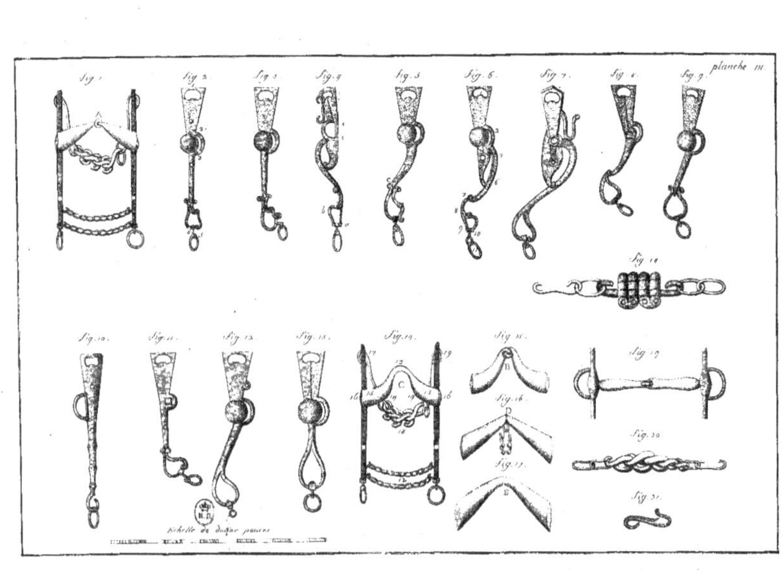

Fig. 1.
Fig. 2.
Fig. 3.
Fig. 4.
Fig. 5.
Fig. 6.
Fig. 7.
Fig. 8.
Fig. 9.
Fig. 10.
Fig. 11.
Fig. 12.
Fig. 13.
Fig. 14.
Fig. 15.
Fig. 16.
Fig. 17.
Fig. 18.
Fig. 19.
Fig. 20.
Fig. 21.
planche III.
Echelle de douze pouces.